药品和个人护理品（PPCPs）处理新技术

崔 迪 陈泽毅 程喜铭 著

化学工业出版社

·北京·

内容简介

本书共 5 章，在简要介绍了 PPCPs 的基础上，选取抗生素磺胺甲噁唑、抗炎药萘普生以及拟除虫菊酯类农药作为代表，主要从生物和化学处理技术的角度阐述了其处理新技术及去除效能。

本书具有较强的技术性和针对性，可供从事环境微生物研究、药品和个人护理品等新型污染物处理研究、技术研发工作的工程技术人员、科研人员参考，也可供高等学校环境、化学及微生物和相关专业师生参阅。

图书在版编目（CIP）数据

药品和个人护理品（PPCPs）处理新技术 / 崔迪，陈泽毅，程喜铭著. —北京：化学工业出版社，2021.8
ISBN 978-7-122-39142-1

Ⅰ.①药… Ⅱ.①崔… ②陈… ③程… Ⅲ.①药品-废物处理②日用品-废物处理 Ⅳ.①X787

中国版本图书馆 CIP 数据核字（2021）第 090204 号

责任编辑：刘　婧　刘兴春　　　　　　　　装帧设计：刘丽华
责任校对：王素芹

出版发行：化学工业出版社（北京市东城区青年湖南街 13 号　邮政编码 100011）
印　　装：北京建宏印刷有限公司
710mm×1000mm　1/16　印张 13¼　彩插 2　字数 203 千字　2021 年 8 月北京第 1 版第 1 次印刷

购书咨询：010-64518888　　　　　　　　　售后服务：010-64518899
网　　址：http://www.cip.com.cn
凡购买本书，如有缺损质量问题，本社销售中心负责调换。

定　　价：85.00 元　　　　　　　　　　　版权所有　违者必究

　　药品和个人护理品（PPCPs）作为一类新型环境污染物，种类多样，使用量巨大。我国的 PPCPs 使用量处于世界前列，其在地表水、地下水、土壤、污泥，甚至居民饮用水中均被频繁检出。PPCPs 具有生物难降解性、持久性、生物累积性及较强的生物活性等特征，因此 PPCPs 及其代谢产物同时存在时，会对生态环境造成危害，同时也会影响人类的健康。因此，PPCPs 化合物的处理是污染控制领域的研究热点。

　　目前，传统的城市污水生物处理工艺难以去除水中的 PPCPs。因此，必须对传统生化处理技术和工艺进行升级与改造，使其适应新型污染物 PPCPs 的去除，以实现对新型污染物高效降解的处理目标。

　　著者及其科研团队长期从事 PPCPs 类化合物的污染控制研究工作，因此，本书在总结团队前期研究成果的基础上，以生物和化学处理技术为基础，系统论述了抗生素磺胺甲噁唑、抗炎药萘普生以及拟除虫菊酯类农药的处理新技术，以期为后续优化 PPCPs 处理工艺、提高处理效能提供技术支持。

　　全书共分 5 章。第 1 章介绍了 PPCPs 类物质的概念、来源、危害等基本内容，以及抗生素磺胺甲噁唑、抗炎药萘普生和农药的基本理化性质、研究现状，PPCPs 生物去除过程中的微生物生态学特征；第 2 章介绍了 PPCPs 类物质现有的检测方法；第 3 章介绍了采用好氧颗粒污泥去除水中抗生素类代表性药物磺胺甲噁唑的新技术，长期监测了污泥颗粒化过程中对磺胺甲噁唑的生物降解情况，阐明磺胺甲噁唑对好氧污泥颗粒化过程存在的影响，不同因素对好氧颗粒污泥性能及磺胺甲噁唑降解效果的影响；第 4 章介绍了抗炎药物萘普生微生物降解菌的富集、筛选及降解机制，对萘普生降解菌的生长-变化规律进行了总结，研究了萘普生降解菌的最适生长条件以及生长代谢特征、菌株对单一底物的降解动力学、利用红外光谱、GC-MS 技术分析萘普生生物降解中间产物、推测萘普生的生物降解途径，深入解析萘普生的生物降解机制；第 5 章介绍了氰戊菊酯和氯氰菊酯的物化处理新技术，比较了超声法、Fenton 试剂法、超声联合 Fenton 试剂法对氰戊菊酯和氯氰菊酯去除的影响、研究降解氰戊菊酯、氯氰菊酯农药高效率且节约成本的方案，并优化了该方案的工艺参数。全书系统阐述了多种新处理技术对 PPCPs 去除的效果，具有一定的实践性和指导性。

本书撰写分工如下：第 1 章、第 3～第 5 章由崔迪著，第 2 章由崔迪、程喜铭、陈泽毅著；全书最后由崔迪统稿。同时，邓红娜、谷逊雪、李百慧等为本书的撰写做了大量工作，在此表示感谢。本书的撰写和出版还得到了国家自然科学基金青年基金的资助，在此深表谢忱！

由于 PPCPs 污染控制技术的研究日新月异，且限于撰写时间及著者水平，书中不足与疏漏之处在所难免，恳请读者批评指正。

著者
2021 年 4 月

目录

001 / 第1章
概述

1.1 PPCPs 003

1.1.1 PPCPs 的概念与研究 003

1.1.2 PPCPs 清单 004

1.1.3 PPCPs 的来源 009

1.1.4 PPCPs 的危害 010

1.1.5 PPCPs 的处置方法 011

1.2 抗生素来源及环境污染 016

1.2.1 磺胺甲噁唑概况 016

1.2.2 磺胺甲噁唑理化性质 017

1.3 抗炎药来源及环境污染 018

1.3.1 萘普生概况 018

1.3.2 萘普生理化性质 019

1.4 农药来源及环境污染 019

1.4.1 氰戊菊酯和氯氰菊酯概况 019

1.4.2 氰戊菊酯和氯氰菊酯理化性质 021

1.5 研究现状 022

1.5.1 磺胺类抗生素药物研究现状 022

1.5.2 萘普生抗炎药研究现状 026

1.5.3 氰戊菊酯和氯氰菊酯农药研究现状 027

1.6 生物新技术处理磺胺甲噁唑和萘普生的微生物生态学特征 028

    1.6.1 好氧颗粒污泥技术处理磺胺甲噁唑微生物生态特征 028

    1.6.2 萘普生降解菌群微生物生态学特性 031

参考文献 033

第 2 章

PPCPs 检测方法

2.1 磺胺甲噁唑的检测方法 043

2.2 萘普生的检测方法 044

    2.2.1 紫外分光光度法 045

    2.2.2 高效液相色谱法 045

    2.2.3 液相色谱-串联质谱法 047

2.3 氰戊菊酯和氯氰菊酯检测方法 047

    2.3.1 实验部分 048

    2.3.2 结果与讨论 050

2.4 小结 054

参考文献 054

第 3 章

磺胺甲噁唑处理新技术

3.1 磺胺甲噁唑（SMX）物理处理技术 059

    3.1.1 好氧颗粒污泥对磺胺甲噁唑（SMX）的吸附效能检测 ... 059

    3.1.2 好氧颗粒污泥对磺胺甲噁唑（SMX）的吸附效能分析 ... 060

3.2 磺胺甲噁唑（SMX）化学处理技术 061

    3.2.1 光降解检测 061

    3.2.2 光降解效能分析 061

3.3 磺胺甲噁唑生物处理技术 062

    3.3.1　好氧生物处理技术 ……………………………………… 062

    3.3.2　厌氧生物处理技术 ……………………………………… 063

3.4　好氧颗粒污泥技术处理磺胺甲噁唑 ………………………… 064

    3.4.1　实验部分 ………………………………………………… 064

    3.4.2　原材料和仪器 …………………………………………… 065

    3.4.3　结果和讨论 ……………………………………………… 066

    3.4.4　小结 ……………………………………………………… 079

3.5　环境因子对好氧颗粒污泥技术处理磺胺甲噁唑影响 ……… 080

    3.5.1　实验部分 ………………………………………………… 080

    3.5.2　结果和讨论 ……………………………………………… 081

    3.5.3　小结 ……………………………………………………… 093

参考文献 ……………………………………………………………… 094

第4章

萘普生处理新技术

4.1　萘普生物理处理技术吸附法 ………………………………… 099

4.2　萘普生化学处理技术 ………………………………………… 099

    4.2.1　光催化法 ………………………………………………… 099

    4.2.2　其他高级氧化法 ………………………………………… 100

4.3　萘普生生物处理技术 ………………………………………… 100

    4.3.1　实验部分 ………………………………………………… 101

    4.3.2　萘普生降解菌群降解效能分析 ………………………… 103

    4.3.3　小结 ……………………………………………………… 105

4.4　萘普生降解菌分离、鉴定及降解特性研究 ………………… 105

    4.4.1　实验部分 ………………………………………………… 105

    4.4.2　萘普生降解菌筛选鉴定 ………………………………… 111

    4.4.3　萘普生降解菌影响因素 ………………………………… 117

    4.4.4　萘普生降解菌底物光谱性 ……………………………… 121

　　　　4.4.5　萘普生降解菌动力学特征 ……………………… 122

　　　　4.4.6　小结 …………………………………………… 129

　　4.5　萘普生降解途径 …………………………………… 130

　　　　4.5.1　实验部分 ……………………………………… 130

　　　　4.5.2　萘普生降解菌降解萘普生的中间产物 ………… 132

　　　　4.5.3　萘普生的矿化分析 …………………………… 135

　　　　4.5.4　小结 …………………………………………… 135

　　参考文献 ………………………………………………… 136

139 /

第5章
氰戊菊酯和氯氰菊酯处理新技术

　　5.1　氰戊菊酯和氯氰菊酯物理处理技术 ………………… 141

　　　　5.1.1　吸附法 ………………………………………… 141

　　　　5.1.2　混凝沉淀法 …………………………………… 141

　　　　5.1.3　辐射处理法 …………………………………… 141

　　　　5.1.4　膜分离法 ……………………………………… 142

　　5.2　氰戊菊酯和氯氰菊酯生物处理技术 ………………… 142

　　5.3　氰戊菊酯和氯氰菊酯化学处理技术 ………………… 142

　　　　5.3.1　光降解法 ……………………………………… 142

　　　　5.3.2　超声降解法 …………………………………… 143

　　　　5.3.3　芬顿法 ………………………………………… 145

　　5.4　超声法降解氰戊菊酯和氯氰菊酯 …………………… 147

　　　　5.4.1　实验部分 ……………………………………… 147

　　　　5.4.2　分析不同因素对超声法降解氰戊菊酯和氯氰菊酯影响…… 149

　　　　5.4.3　超声法降解氰戊菊酯和氯氰菊酯农药的单因素

　　　　　　　初步探究 ……………………………………… 156

　　　　5.4.4　小结 …………………………………………… 157

　　5.5　Fenton 试剂法降解氰戊菊酯和氯氰菊酯 …………… 158

    5.5.1   实验部分 158

    5.5.2   不同因素对 Fenton 试剂法降解氰戊菊酯和
            氯氰菊酯的影响... 160

    5.5.3   Fenton 试剂法降解氰戊菊酯和氯氰菊酯农药的
            单因素初步探究 166

    5.5.4   小结 166

5.6   超声联合 Fenton 试剂法降解氰戊菊酯和氯氰菊酯 167

    5.6.1   实验部分 167

    5.6.2   不同因素对超声联合 Fenton 试剂法降解氰戊菊酯
            和氯氰菊酯的影响... 170

    5.6.3   超声联合 Fenton 试剂法降解氰戊菊酯和氯氰菊酯
            农药的单因素初步探究 177

    5.6.4   小结 178

5.7   优化降解方案及生物毒性研究 178

    5.7.1   引言 178

    5.7.2   方法比较选择最优方案 179

    5.7.3   最优方案正交设计 185

    5.7.4   MTT 法验证最优方案的生物毒性 188

    5.7.5   MTT 法检测氰戊菊酯和氯氰菊酯农药降解前后
            对 MCF-7 的增殖影响的研究 196

    5.7.6   小结 197

参考文献.. 197

第1章

概述

1.1 PPCPs

1.2 抗生素来源及环境污染

1.3 抗炎药来源及环境污染

1.4 农药来源及环境污染

1.5 研究现状

1.6 生物新技术处理磺胺甲噁唑和萘普生的微生物生态学特征

1.1 PPCPs

1.1.1 PPCPs 的概念与研究

药品和个人护理品（pharmaceutical and personal care products，PPCPs）这一概念是 Daughton 等[1]在 1990 年首次提出的，是一类具有生态毒理效应、可在环境介质中迁移转化的新型有机污染物。我国人口众多，且畜牧业发达，所以我国的 PPCPs 使用量处于世界前列，PPCPs 在地表水、地下水、土壤、污泥，甚至居民饮用水中均有检出。PPCPs 废水的特点是毒性大、浓度高、成分复杂，而目前污水厂的污水处理工艺是针对传统污染物设计的，这些处理工艺很难将 PPCPs 处理完全[2]。因此在处理过后 PPCPs 仍能以低浓度状态持续进入环境，长此以往会破坏生态环境，并对人体健康形成潜在威胁。从废水中消除 PPCPs 有不同的方法，如吸附、挥发、光转化和生物降解，其中生物降解是目前最有效的去除方法。

PPCPs 类化合物种类多、理化性质差异大[3]，经使用后进入自然环境中，在水体、大气和土壤中分布、迁移、降解和转化。研究 PPCPs 在环境中的降解转化过程、影响因素和制约因子，有助于科学家更加深入系统地认识 PPCPs 的污染过程和环境归趋，从而有针对性地研发 PPCPs 污染阻断和控制技术。

药品和个人护理品种类繁多，监测数据仍然十分有限，有必要进一步加强大尺度的监测工作，同时应该利用数学模拟手段研究化学品的源汇过程。

药品和个人护理品中不少物质具有生物活性，可对环境生物及人体健康造成潜在风险，但其生态毒理数据严重不足，其生态与环境毒理方面的研究有待深入开展。一方面，已有的研究工作多以藻、蚤与鱼等传统模式生物为模型，未来应该加强生态系统效应研究，引入针对底栖生物的研究；另一方面，利用多组学技术研究药品和个人护理品的毒理机制也成为此类新型环境污染物研究的发展趋势。抗生素耐药性是目前国际关注的热点，未来应加强抗生素前药基因的传播吸收机理、化学驱动机制、风险评价方法等方面的研究。药品和个人护理品的控制技术研究要集中于城市污水处理厂的工艺去除研究，应加强深度处理技术去除污染物的机理与转化产物研究。针对目前行业水处理研究较匮乏的现状，还要进一步开展养殖废弃物处置过程中激素、抗生素和抗性基因的去除机理和去除技术研究。

1.1.2 PPCPs 清单

PPCPs 被定义为一类环境中的新型污染物，其中包括了上千种化妆品、各类抗生素、保健品、处方药、激素及合成麝香等。PPCPs 种类繁多，其中医药品大约有 4500 种，广泛用于人类或动物的疾病预防与治疗等领域，主要包括各种处方药和非处方药（如 X 射线显影剂、咖啡因、抗生素、抗癌药、镇静剂、抗癫痫药、显影剂、止痛药、降压药、避孕药、D-阻滞剂、激素、类固醇、消炎药、催眠药、减肥药、利尿剂等）；日常个人护理用品主要包括防晒霜、香料、遮光剂、染发剂、发型定型剂、洗发水、洗涤剂、消毒剂、香皂等一系列化妆品。

1.1.2.1 抗生素

抗生素是指由微生物（包括细菌、真菌、放线菌属）或高等动植物在生活过程中所产生的具有抗病原体或其他活性的一类次级代谢产物，能干扰其他生活细胞发育功能的化学物质。临床常用的抗生素有微生物培养液中的提取物以及用化学方法合成或半合成的化合物。抗生素等抗菌剂的抑菌或杀菌作用，主要是利用"细菌有而人（或其他动植物）没有"的机制进行杀伤，包含四大作用机理，即抑制细菌细胞壁的合成、增强细菌细胞膜的通透性、干扰细菌蛋白质的合成以及抑制细菌核酸复制转录。

（1）抑制细菌细胞壁的合成

细菌的细胞壁主要由多糖、蛋白质和类脂类构成，具有维持形态、抵抗渗透压变化、允许物质通过的重要功能。因此，抑制细胞壁的合成会导致细菌细胞破裂死亡；而哺乳动物的细胞因为没有细胞壁，所以不受这些药物的影响。这一作用的达成依赖于细菌细胞壁的一种蛋白质，称为青霉素结合蛋白（PBPs），β-内酰胺类抗生素能和这种蛋白质结合从而抑制细胞壁的合成，所以 PBPs 也是这类药物的作用靶点。以这种方式作用的抗菌药物包括青霉素类和头孢菌素类，但是频繁使用会导致细菌的抗药性增强。

（2）增强细胞膜的通透性

一些抗生素与细胞的细胞膜相互作用会影响细胞膜的渗透性，使菌体内盐类离子、蛋白质、核酸和氨基酸等重要物质外漏，这对细胞具有致命的作用。但细菌细胞膜与人体细胞膜基本结构有若干相似之处，因此该类抗生素对人有一定的毒性。以这种方式作用的抗生素有多粘菌素和短杆菌素。

（3）干扰细菌蛋白质的合成

干扰蛋白质的合成意味着细胞存活所必需的酶不能被合成。以这种方式作用的抗生素包括福霉素（放线菌素）类、氨基糖苷类、四环素类和氯霉素。蛋白质的合成是在核糖体上进行的，其核糖体由 50S（S 指沉降常数，$1S=10^{-13}s$）和 30S 两个亚基组成。其中，氨基糖苷类和四环素类抗生素作用于 30S 亚基，而氯霉素、大环内酯类、林可霉素类等主要作用于 50S 亚基，抑制蛋白质合成的起始反应、肽链延长过程和终止反应。

（4）抑制细菌核酸的复制和转录

通过抑制核酸的复制和转录，可以抑制细菌核酸的功能，进而阻止细胞分裂或所需酶的合成。以这种方式作用的抗生素包括萘啶酸、二氯基吖啶和利福平等。

随着抗生素的广泛使用甚至滥用，目前细菌对抗生素的耐药性问题已十分严重，抗生素耐药性正在对全球健康构成威胁。因此，发展新型抗生素势在必行。基于不同机制的新型抗生素正处于研发的不同阶段。另外，由于生物技术的迅猛发展，促进了抗体药物、抗菌多肽类药物的研发，成为抗生素领域的新生力量。这些新型抗生素的研发，有望在解决临床抗生素耐药性的同时，也为病原微生物的防治提供新途径。

1.1.2.2　抗炎药

抗炎药是用于治疗组织受到损伤后所发生的反应炎症的药物。抗炎药有两大类：一类是甾体抗炎药；另一类是非甾体抗炎药，即医疗实践中所指的解热镇痛抗炎药如阿司匹林等。非甾体抗炎药（NSAIDs）是一类不含有甾体结构的抗炎药，自阿司匹林于1898年首次合成后，100多年来已有百余种上千个品牌上市。这类药物包括阿司匹林、对乙酰氨基酚、吲哚美辛、萘普生、萘普酮、双氯芬酸、布洛芬、尼美舒利、罗非昔布、塞来昔布等；具有抗炎、抗风湿、止痛、退热和抗凝血等作用，在临床上广泛用于骨关节炎、类风湿性关节炎、多种发热和各种疼痛症状的缓解。非甾体抗炎药通过抑制前列腺素的合成，抑制白细胞的聚集，减少缓激肽的形成，抑制血小板的凝集等发挥抗炎作用。对控制风湿性和类风湿性关节炎的症状疗效显著。

不同种类的NSAIDs有相同的作用机制。它们都是通过抑制环氧化酶的活性，从而抑制花生四烯酸最终生成前列环素（PGI1）、前列腺素（PGE1，PGE2）和血栓素A2（TXA2）。前列腺素有许多功能：使血管通透性增加；使各种组织动脉扩张；调节肾血流，使肾滤过率增加；促进钠排泄，降低血压；抑制胃酸分泌；使子宫肌纤维收缩，溶解黄体；舒张气管平滑肌；使鼻黏膜血管收缩；抑制血小板聚集；促进骨吸收；抑制甘油酯分解等。NSAIDs除了抑制前列腺素的合成外，还可抑制炎症过程中缓激肽的释放，改变淋巴细胞反应，减少粒细胞和单核细胞的迁移和吞噬作用。也正因为NSAIDs抑制了前列腺素的合成，所以除了有止痛和抗炎作用外，还同时出现相应的副作用，主要表现在胃肠道与肾脏两方面。

NSAIDs大多为有机酸，与血浆蛋白有高度结合力，从而增加药物在炎症部位的浓度而发挥作用。多数病人对NSAIDs均能耐受。但几乎无一种NSAIDs是安全的，主要毒性反应除胃肠道和肾脏方面外，尚有中枢神经系统、血液系统、皮肤和肝脏等副作用，这些副作用的发生常与剂量有关。少数病人发生过敏反应，如风疹、过敏性鼻炎、哮喘。这同使用剂量无关。这由前列腺素合成减少造成小血管和支气管痉挛所致。常见的中枢神经症状有嗜睡，神志恍惚，精神忧郁等。有报道布洛芬可导致无菌性脑膜炎，吲哚美辛可导致头痛。老年人应用吲哚美辛、萘普生、布洛芬可发生精神模糊。超剂量的阿司匹林可造成昏迷。阿司匹林还可致耳鸣，听力丧失。许多NSAIDs能抑制血小板环氧化酶的活性，阻断凝血噁烷的产生，从而减少血小板的黏附作用，使原有溃疡部位出血，这种作用在服用小于每日80mg的阿司匹林时更易发生。对正在进行抗凝治疗的病人应避免使用

NSAIDs，因 NSAIDs 与血浆蛋白结合可替代华法林与蛋白结合的位点，从而增加华法林的抗凝效应。手术前 2 周应停用阿司匹林，在必须使用 NSAIDs 时可选用布洛芬、托美丁等，因它们在 24h 内完全排出，且对血小板的凝集作用很小。NSAIDs 对肝脏的毒性作用较小，但 15%的病人在服用 NSAIDs 后有血清转氨酶水平升高、胆红素增多、凝血活酶时间延长的情况，但严重的肝功损害少见，且停药后均可恢复正常。保泰松所致的肝细胞胆汁淤积和肉芽肿肝炎可以使某些病人致命。

1.1.2.3 激素物质

雄激素是生活中常用的药物，一般用于激素替代治疗与口服避孕，其主要活性化合物为雄醇(E2)和乙炔雌二醇（EE2）等。由于雄激素具有强烈的生物活性，目前关于雄激素对生物的生长、生殖、免疫以及代谢的毒性效应研究较多。环境相关浓度的雌微素可以干扰 HPG 轴基因的转染，影响生物繁殖，引起组织损伤并干扰生物体内的激素平衡。刚出生的斑马鱼在 0.4ng/L 的乙炔雌二醇中连续暴露 90d，然后放入清水中饲养 90d，斑马鱼的生殖能力依然被抑制。从毒性效应来看，EE2 在环境中的效应要强于 E2，EE2 对鱼类性别分化及性腺发育的影响要强于 E2，EE2 能干扰水生生物的性别分化，造成性反转、水生食物链中断等严重后果。有研究表明，EE2 通过加速诱导斑马鱼卵细胞凋亡，从而引起性别分化。免疫细胞表面有雌激素受体表达，雌激素对免疫系统也存在干扰效应。雌激素物质主要影响生物的免疫器官发育，干扰免疫细胞及免疫因子正常功能。例如，E2 和 EE2 暴露后可以引起性腺退化，影响特异性免疫细胞迁移，从而干扰免疫应答。外源性雌激素还能引起胞内通路的应答。有报道称，E2 在哺乳动物中主要是通过活化 NFKB 通路来应答免疫炎症反应。但是 E2 在硬骨鱼中的免疫应答机制目前还不清楚，有待进一步研究。EE2 则通过改变免疫调控基因转录及白细胞活性来干扰生物的免疫功能。此外，低浓度的 EE2 暴露还可以影响贻贝糖代谢水平，降低血糖和脂肪酸的含量。为期 7 年的加拿大野外研究表明,环境浓度 EE2 长期暴露(5～6ng/L)可导致湖泊水体野生鱼雄性化，最终造成鱼类种群的衰退。除了对水生生物的影响，雌激素对植物也有毒性效应。其毒性主要体现在影响植物的生长和抗氧化活性。例如，E2 暴露能减少马铃薯的块茎尺寸。最新研究表明，在含有 EE2

的污水中藻类的生长受到抑制，在抗氧化方面，雌激素则通过干扰一些抗氧化酶的活性，如 CAT、GPX 和 APX，从而引起氧损伤。因此，具有较强活性的雌激素对不同物种的雌激素受体亲和力高，低浓度条件下就能够引起广泛的生理生化应答，对环境生物具有生态风险，应引起足够的重视。合成孕激素已经广泛应用于人类口服避孕药和激素替代疗法中。此外，孕激素也广泛应用于畜禽养殖业中，用于促进动物生长、催肥、控制母畜同期排卵并预防母畜流产，以提高产量和经济效益。目前，研究主要关注对生物生殖发育的影响。研究表明，孕激素能够引起生物产卵数量变化，导致血液中激素含量异常，造成性腺组织损伤并改变 HPFG 轴相关基因的转录，严重时甚至会引起性别分化差异。

1.1.2.4 个人护理品

消毒剂三氯生(TCS) 和三氯卡班(TCC)广泛用于肥皂、洗手液等家用产品。TCS 和 TCC 对不同营养级水平的生物的生长、生理和生化过程均有影响。首先，TCS 和 TCC 对藻类的生长有明显的抑制效应。对羟基苯甲酸酯（paraben）也是一种应用广泛的杀菌剂，包含 7 种不同烷基类型，其中苯甲基化合物毒性最强。对羟基苯甲酸酯在环境中有微弱的雌激素活性，具有一定的内分泌干扰效应。例如，低浓度的对羟基苯甲酸酯可以增加卵黄蛋白原（VTG）的合成和抑制精子的生成，但是对血清睾酮的水平没有影响。长期暴露于低浓度的对羟基苯甲酸酯，可能会产生严重的生殖毒性。对羟基苯甲酸酯是雌激素受体β（ERβ）激动剂，激动效应与对羟基苯甲酸酯的烷基大小和膨松性有关，羧酸酯酶可导致其雌激素效应减弱。除了生殖毒性，对羟基苯甲酸酯还可以通过调控内源性大麻酚类物质来调节脂肪生成，促进小鼠前脂肪细胞（3T3-L1 脂肪细胞）的分化。二苯甲酮（BP）被广泛用于防晒霜中，目的是保护皮肤不被紫外线直射，但是 BP 本身是否安全仍然存在很多争议。目前对 BP 引起的氧化应激反应和凋亡机制研究较多。Liu 等[4]发现，BP-1、BP-2、BP-3 和 BP-4 均能够引起氧化应激反应，在肝脏中的氧化毒性依次为：BP-1 > BP-2 > BP4 > BP-3171。随着研究的深入，BP 的氧化毒性和凋亡机制逐渐清晰。有研究表明，BP-1 处理人类角质细胞后，可以增加活性氧簇（ROS）含量，降低细胞存活率，并且通过释放光化学产物（细胞色素 C 和促凋亡因子 SmacDIABLO）来触发凋亡通路，引起细胞 DNA 损伤。环境中的 PPCPs

化合物种类繁多,毒性数据依然有限。环境浓度联合暴露研究可更好地揭示物质间的协同或者拮抗效应,已逐渐引起科学家的重视。随着组学概念和技术更新,利用高通量技术分析污染物的环境毒理,探究毒理机制,有望成为未来研究环境毒理效应的重要手段。从转录组到蛋白组,最后到代谢组,多组学结合,共同揭示环境化合物对生物的毒性效应。同时,利用组学技术高效地筛选合适的指示物,可以快速检测环境中的毒害化合物。

1.1.3　PPCPs 的来源

PPCPs 与人类的生产生活关系紧密,如表 1-1 所列,如今在人类的生活环境中检出了多种 PPCPs,它们的来源及用途多种多样[5]。

表 1-1　环境中 PPCPs 的主要来源及用途

类别	名称	用途
抗生素	四环素、金霉素、红霉素、罗红霉素、土霉素、林可霉素等	治疗人体及动物的动物性细菌感染病
非甾体抗炎药（NSAIDs）	萘普生、布洛芬、双氯芬酸、安替等	镇痛、消炎、解热等作用
麝香	多麝香、吐纳麝香、硝基麝香	被作为麝香香水合成的主要原料
防晒剂	辛基甲氧基桂皮盐类、二苯甲酮、甲基樟脑	抵抗太阳紫外线
拟交感神经药	沙丁胺醇	有助于肺部支气管的开通
X 线造影剂	碘普罗胺、泛影葡胺、碘帕醇	改善 X 光的能见度,增强影响观察效果
抗肿瘤药物	环磷酰胺、异环磷酰胺等	用于各类肿瘤及某些自身免疫性疾病的治疗
避孕药	17α-炔雌醇	干扰内分泌系统从而达到抑制正常生育的效果
抗高压药	比索洛尔、美多心安、普萘洛尔	降低动脉供血血压
抗癫痫药物	卡马西平	阻止、控制及预防抽搐

环境中抗生素的来源主要包括医用药物、农用兽药、制药废水及环境本身存在的抗生素,其具体途径如下。

（1）医用药物

多数抗生素类药物在人和动物机体内都不能够被完全代谢，以原药和代谢产物的形式经由粪尿排出体外。此外还包括医院丢弃的过期抗生素、残留在药瓶和器械上的抗生素等。人和动物等的代谢是抗生素类污染物的主要来源。

（2）农用兽药

在家禽及水产养殖过程中常使用抗生素治疗和预防动物疾病、促进动物生长，抗生素以亚治疗剂量长期添加到饲料中。抗生素随着动物粪尿排入环境中，在大型养殖场周围的粪便、土壤、水体中都可检测出高浓度的多种抗生素。在水产养殖中，抗生素常作为饲料添加剂直接投入水体，用于治疗鱼类疾病及促进鱼类生长。

（3）制药废水

制药厂在生产抗生素的过程中会流失抗生素，从而导致制药废水的抗生素浓度较高，即使在厂内经过生物处理后抗生素也不能被完全降解。

（4）环境本身存在的抗生素

土壤中的某些细菌会产生抗生素，如放线菌属的链霉菌。但现在并不清楚由于这些细菌的存在而产生的抗生素量。

1.1.4　PPCPs 的危害

通常来讲 PPCPs 具有生物难降解性、持久性以及生物累积性，除此之外还具有较强的生物活性，这些特征导致不同的 PPCPs 及其代谢产物同时存在时，将会对生态环境造成危害，同时也会影响人类的健康。由于目前市面上的 PPCPs 种类繁多，种种药物之间并不具有共性结构，加之其中激素、活性类固醇等药物又不具有特异性，所以 PPCPs 会对所有的生物体形成生物效应。PPCPs 的长期、大量使用对生物有很大的影响，也使得一些生物具备了耐药性。研究人员在土壤、地表水以及城市污水中都发现了耐药性微生物的存在。例如 Vieno 等[6]研究了 12 座芬兰污水厂，对其进水和出水中的 8 种 PPCPs 进行检测分析，最终确定这 12 座污水处理厂中的处理工艺并不能完全去除这 8 种 PPCPs；Reinthaler 等[7]则研究了 E 型大肠杆菌，发现由于抗生素的滥用，E 型大肠杆菌已对多种抗生素表现出耐药性，且耐药性还在升高；而 Hu 等[8]则对中国北京市的河流水体进行采样检测，研究后发现水体中超过 40%的大肠杆菌都表现出了耐药性。除耐药性外，PPCPs 还会给水生生物带来一些危害；如 Cleuvers[9]对大型蚤进行实验，发现萘普生对大型蚤的半最大效应浓度可达到 166.3mg/L。且 PPCPs 会在生物体体内缓慢累积，严重则会导致生态失衡。这些研究都足以说明一个问题：PPCPs 的大量使用已经对环境造成了严重的影响。

PPCPs 因浓度低、种类繁多、理化性质复杂等特点对生态环境和人类健康构成较大风险，近些年引起了学者的广泛关注。我国目前环境中存在的 PPCPs 主要以抗生素类药物、消炎止痛类药物和农药等为主。我国松花江沿岸的 12 个污水处理厂在进水中检测到多种 PPCPs，且以咖啡因等物质为主，而出水中主要物质为三氯生。研究发现 PPCPs 的去除率存在明显的季节性变化，夏季的最终去除效率最高，最高可达 99.99%，而春秋两季的去除效率相近，普遍低于夏季。Mei 等[10]对黄浦江不同河段的 11 种 PPCPs 进行调查，发现采样点上游的 PPCPs 总浓度范围为 61～385ng/L，远低于下游的 51～1949ng/L；黄浦江 PPCPs 的主要来源为未经处理的生活污水，固体废弃物临时贮存点和垃圾中转站产生的渗滤液则是 PPCPs 的额外来源。由此可见，我国地表水体中 PPCPs 污染现状不容乐观。

1.1.5 PPCPs 的处置方法

1.1.5.1 生物处理法

生物处理技术是我国最常用的污水处理技术，是污水处理厂降解 PPCPs 的主要方法。Ma 等[11]采用厌氧-缺氧-好氧处理联合膜生物反应器（A^2/O-MBR）处理生活污水，发现经 A^2/O-MBR 工艺处理后，农药和酚类物质的去除效率可达 80%以上，PPCPs 的去除效率达到 56.85%。康杜[12]建立了一种生物膜光反应器，在光照为 5000lx、12h/12h 明/暗交替 4d、进水速率为 7mL/min 的条件下，对双酚 A

的去除率达到86.4%,但对吉非罗齐和卡马西平等药物的降解率仅分别达到20.6%和18.6%。说明单纯利用生物降解方法对难生物降解的污染物处理效果并不理想,应结合其他方法使用以达到更好的处理效果。

（1）微生物降解

目前,国内外学者对有关PPCPs的微生物降解做了大量的研究,并筛选出许多PPCPs的降解功能菌群,对其生物降解特性、降解动力学和产物组成与降解途径进行了深入探讨。本书将以使用最为广泛且在环境中检出浓度和频度均较高的几种PPCPs为例重点进行阐述。

磺胺类抗生素具有成本低和广谱性特点,被广泛用于治疗或预防家畜和养牛的传染性疾病[13]。目前科研工作者已分离出一系列降解典型磺胺类药物磺胺甲噁唑的降解菌,如枯草芽孢杆菌（*Bacillus subtilis*）、铜绿假单胞菌（*Pseudomonas aeruginos*）和马红球菌（*Rhodococcus equi*）、微杆菌（*Microbacterium* sp. SMX B24）、短波单胞菌（*Brevundimonas* sp. SMX B12）和嗜冷假单胞菌（*Pseudomonas hydrophila* HA-4）。Reis 等[14]研究指出,反硝化无色杆菌（*Achromobacter denitrificans*）对磺胺甲噁唑具有一定的降解能力。南极冰藻（*Chlamydomonas* sp. Tai-03）、马红球菌（*Rhodococcus equi*）和嗜冷假单胞菌（*Pseudomonas hydrophila* HA-4）对磺胺甲噁唑的降解效率分别为20%、29%和34.4%[15]。Wang 等[16]研究发现,不动杆菌（*Acinetobacter* sp.）在最适条件下,可以在48h内使95%以上的浓度为 5~240mg/L 的磺胺甲噁唑发生矿化。白腐真菌变色栓菌（*Trametes versicolor*）由于其优异的污染物降解能力而受到人们的广泛关注。谢鹏等[17]研究表明,磺胺吡啶和磺胺甲噁唑在 *Chlamydomonas* sp. Tai-03 作用下可发生降解,在10mg/L 以内的去除率分别为50%和20%;环丙沙星和四环素在 *Chlamydomonas* sp. Tai-03 的作用下发生了开环反应,对浓度低于 10mg/L 的环丙沙星和四环素的去除率均达到100%。

此外,三氯生作为一种广谱抗菌剂被广泛应用于人们日常生活用品和消费品中,在环境介质中被频繁检出,是最重要的环境微污染物之一。目前,环境中三氯生的去除主要采用生物降解。例如,Wang 等[18]从污泥中驯化分离出一种黄色透明、革兰氏染色显示细胞呈革兰氏阴性的新菌株 *Dyella* sp.，发现 *Dyella* sp.可以矿化90%以上的三氯生。

（2）生物降解机理

有机污染物的生物降解是微生物通过一系列生物化学反应使有机污染物在好氧或缺氧的条件下改变化学结构，最终实现去除的目的。微生物对有机污染物的降解能力取决于污染物的生物可降解性和微生物的转化性能。常见的反应有羟基化、甲基化、去甲基化、水解反应等。通常，PPCPs 的生物降解过程可以分为 3 类：

① 生物矿化，即在微生物作用下将 PPCPs 转化为小分子化合物，最后转化为 H_2O 和 CO_2；

② 被微生物转化为疏水性降解产物与固相结合留存在环境中；

③ 被转化成具有更高亲水性的降解产物残留在水体中。

一方面，生物降解是将毒性高的污染物降解为毒性更低的化合物达到解毒的作用；另一方面，降解产物比母体污染物具有相当甚至更高的生物活性或毒性，产生二次污染，并对生态环境和人体健康造成不可预估的危害，因此，PPCPs 的生物降解作用机制（如产物组成、降解途径和产物的活性等）研究对于系统理解PPCPs 的环境行为和合理评估其环境安全性是不可或缺的，在进行 PPCPs 环境风险评价时不可忽视其降解产物的潜在危害。生物矿化作用可将难降解微污染物彻底降解为 CO_2 和 H_2O。Wang 等[19]从活性污泥中驯化分离出一种可以降解三氯生的新菌种 *Dyella* sp. WW1，研究得出该菌种可实现生物脱氯，并将三氯生完全矿化为 CO_2 和 H_2O，消除其对环境的不良影响。此外，他们检出了三氯生的 6 种降解产物，在此基础上提出了三氯生的 2 种生物降解途径：

① *Dyella* sp. WW1 可能是先通过引入羟基自由基来攻击三氯生，生成羟基化产物（m/z 337），然后通过氧化反应发生间位裂解（meta-cleavage），环开裂生成2 个环裂解产物（m/z 195 和 m/z 215），随后分别发生脱羧基、脱羟基反应或脱羧反应进一步降解，最终生成 CO_2 和 H_2O；

② *Dyella* sp. WW1 使三氯生发生脱氯反应，在单氧化酶或双氧化酶的作用下

使三氯生羟基化，随后发生间位切割环开裂生成环裂解产物（m/z 215）及苯醚键水解反应生成 1,5-二羟基苯酚，最终生成 CO_2 和 H_2O。

1.1.5.2　物理化学法

目前可以用于处理 PPCPs 的物理化学技术为吸附法和膜处理法。吸附法因简单、高效等特点被广泛研究。Guo 等[20]通过对生物质直接改性，在玉米秸秆上负载了硫化锌和硫化锰的配合物对泰乐菌素进行吸附，结果表明，在 2.5h 时对泰乐菌素吸附效率达到 80% 以上，并且发现温度对污染物的吸附效率有显著影响，在高温下吸附效率最好。

Lin 等[21]采用臭氧等氧化剂对多壁碳纳米管表面进行修饰，在一个封闭系统中连续通入浓度为 6mg/L、流量为 1.8L/min 的臭氧，连续通入 12h，发现对初始浓度为 10mg/L 的乙酰氨基酚去除率达到 95%。Li 等[22]研究了 γ-FeOOH 在水环境中对萘普生的吸附行为，发现当溶液 pH=7 时吸附达到峰值 96.72%，并且在实验温度下该吸附过程符合拉格朗日准二级动力学模型。吸附法对降解 PPCPs 虽有较好的效果，但存在吸附接近饱和状态时可能失去吸附性能和解吸废水不易处理等缺点。膜处理工艺具有操作简单、对污染物截留效率高等优点。Wang 等[23]将丝状碳纳米管均匀分散到片状氧化石墨烯中，制备了一种具有高渗透性和高选择性的滤膜。氧化石墨烯和丝状碳纳米管更有利于膜的透水和吸附性能，更提高了膜的防污性能，在该实验中发现，膜对 PPCPs 的去除效率可以达到 76%～100%。Li 等[22,24]用粗砂代替常规细砂作为夹层慢砂过滤器的滤料，发现 20cm 的夹层过滤器在 10cm/h 的速率下，对 PPCPs 的去除效率高达 98.2%，对 TOC 的平均去除率为 90.3%。物理化学方法在降解 PPCPs 方面具有良好的效果，但由于整个处理过程只能捕获 PPCPs，而不能破坏 PPCPs，因此产生的废吸附剂和废水被归为二次污染物。并且物理化学过程需要消耗大量电能，使得降解 PPCPs 的成本过高。因此，应寻找更为环保和经济的处理方法。

1.1.5.3　高级氧化技术

高级氧化技术是一项非常重要并且极其有效的降解有机污染物的方法，降解

PPCPs 所用到的方法包括光催化技术和芬顿（Fenton）法。

光催化技术因高效、环保等优点被用于氧化有机污染物。BoZenaCzech 等[25]采用超声辅助溶胶-凝胶法制备新型纯碳纳米管 TiO_2 纳米复合材料，在可见光驱动下去除水中的对乙酰氨基酚。实验发现当纳米复合材料包含 72%（质量分数）的多壁碳纳米管时，对乙酰氨基酚的去除率为 $(81.6\pm0.6)\%$。Kurniawan 等[26]使用 BaTiO/TiO 复合光催化方法降解乙酰氨基酚，发现当 $BaTiO_3/TiO_2$ 质量比为 3：1 时，可以最大限度地降低乙酰氨基酚的光降解率。在最佳条件下反应 4h，5mg/L 的乙酰氨基酚的去除率达到 95%。这个过程会生成苯二酚和 1，4-苯醌等氧化中间产物。但处理后的废水仍不能达到中美两国立法规定的不超过 0.2mg/L 的上限，需要使用其他工艺进行后续处理。而 Fan 等[27]制备了一种掺银的金属-有机骨架光催化剂，在最佳条件下，90min 内对乙酰氨基酚的降解率可以达到 99%。

芬顿法是一种简单有效且相对环境友好的高级氧化法。Wang 等[28]利用铁锰二元氧化物作为羟基生成催化剂制备了一种微生物电芬顿电池，在 24h 内对卡马西平的降解率达到 90%。Yang 等[29]利用碳纳米管轧制了一种具有高 H_2O_2 产率的气体扩散电极，并将其用作电芬顿阴极降解乙酰水杨酸。结果表明，在 pH=3、电流为 100mA 的条件下，10min 后对乙酰水杨酸的降解率几乎达到 100%，1h 后对总有机碳的去除率达到 62%。说明高级氧化技术对于处理 PPCPs 具有很大潜力。芬顿法虽存在低药耗等经济优势，但仍未突破能耗高的技术瓶颈。可以采用光催化材料做阳极，构建原电池的方法，从而实现光能驱动电芬顿系统，不仅可以降低能耗，而且可以实现对 PPCPs 的高效降解。

目前，我国在 PPCPs 的检出和处理方面研究不断深入，但由于 PPCPs 种类繁多，对人体和生态环境的影响尚不明确。因此，需要探索更加快速高效的检测方法。我国现阶段处理 PPCPs 的各种方法虽有一定的效果，但也存在一些局限性。生物处理法对部分 PPCPs 的降解效果较好，但对可生化性差的 PPCPs 去除效果并不理想。在降解过程中有些中间产物的毒性比母体更大，这对我国水环境安全造成严重威胁。因此，寻找一种高效、绿色、经济的降解技术显得尤为重要。光电耦合的高级氧化技术是一种环境友好、经济节约的方法，预计在未来降解 PPCPs 方面会有很好的应用前景。

1.2 抗生素来源及环境污染

1.2.1 磺胺甲噁唑概况

生活中，各类抗生素的使用往往是过量的，导致环境中长期存在抗生素污染，其中磺胺甲噁唑（sulfamethoxazole，SMX）由于可吸附性极低，所以很难被沉积物或土壤吸收，因此可以迅速进入并污染地下水[30]。SMX 的主要污染来源和迁移途径如图 1-1 所示。

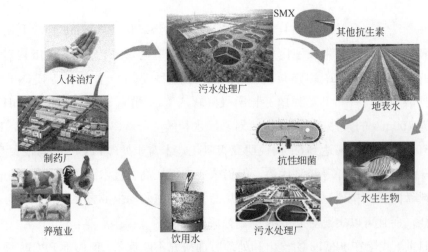

图 1-1　磺胺甲噁唑的主要污染来源和迁移途径

人类和动物排泄物是 SMX 的主要来源之一。SMX 在进入人或动物体内后并不能被完全吸收利用，研究表明，约有 45%～70%的 SMX 会在 24h 内排出使用者体外。在排出体外的 SMX 中有 15%～25%仍然以 SMX 形式存在，其余成分包括 43%的 N_4-乙酰基-磺胺甲噁唑，9%～15%的磺胺甲噁唑-N_1-葡糖苷酸以及 4%～10%的其他代谢产物[31]。此外，养殖场、药厂、医院产生的废水也是环境中 SMX 的主要来源。这些污水中的 SMX 经过雨水冲刷或城市管网系统进入地表水和污水处理系统中，因此污水处理厂中磺胺类抗生素的高效去除是防止其长期存在于水环境中的关键步骤。

实际上，水体环境中磺胺甲噁唑的浓度并不高，一般在 ng/L～μg/L 的范围内，对于大多数水生动植物不存在急毒作用，但其长期存在和不断积累会对生态环境造成严重危害[32]。在世界范围内大部分地区的河流、河口、湖泊、海洋、污水处理厂等水体环境中经常能检测到不同浓度的 SMX。SMX 在国内的河流、海洋及其他水体中更是被频繁检出[33,34]。Xu 等[35]的研究显示，广东沿海地区磺胺类抗生素的残留影响了抗性基因分布，导致该地区微生物群落结构发生大幅变化。另一项研究则表明，在我国大部分城市污水处理厂污水的抗生素抗性基因检测中，磺胺类的抗性基因 sul1、sul2 的含量最高[36]。种种研究表明，由于各行各业的使用造成水体中存在的 SMX 已经超出环境所能承载的容量，长此以往水体微生物群落结构遭到破坏，抗性基因广泛传播，最终会导致其在疾病治疗过程中效率降低，对人类健康存在潜在危害。

1.2.2　磺胺甲噁唑理化性质

磺胺类抗生素是预防和治疗细菌感染类疾病的常用抗生素，自磺胺类抗生素磺胺吡啶、磺胺噻唑、磺胺嘧啶问世以来，相继有 5000 余种不同的磺胺类药物被合成开发[37]。磺胺甲噁唑是一种常见的磺胺类抗生素，其分子式为 $C_{10}H_{11}N_3O_3S$，CAS 号为 723-46-6，分子量是 253.8。SMX 结构中包含氨基、磺酰基、双环结构，其中磺酰基连接异噁唑环与苯环，氨基位于苯环对位上。SMX 的抑菌机制与其结构有关，SMX 在结构上与对氨基苯甲酸类似，对氨基苯甲酸是二氢蝶酸合成酶的底物。二氢蝶酸和谷氨酸连接可形成细菌生存所必需的二氢叶酸。由于竞争作用，SMX 的出现导致二氢蝶酸合成酶受到抑制引发二氢蝶酸合成失败，最终影响二氢叶酸的形成，使细菌的代谢和繁殖受到抑制[38]。磺胺甲噁唑与对氨基苯甲酸的结构式如图 1-2 所示。

磺胺类抗生素由于其抑菌效果好等优点常应用于兽医和畜牧业[39,40]。磺胺甲噁唑除了动物领域在人类疾病治疗中也被广泛使用，如治疗尿路感染、支气管炎和前列腺炎等疾病。磺胺甲噁唑与甲氧苄氨嘧啶连用是医治肺孢子虫型肺炎的首

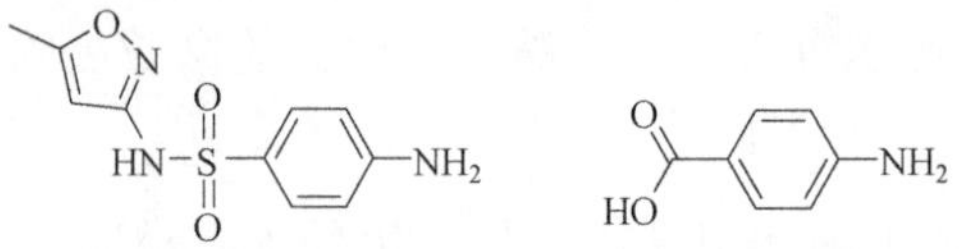

(a) 磺胺甲噁唑　　　　(b) 对氨基苯甲酸

图 1-2　磺胺甲噁唑与对氨基苯甲酸的结构式

选药物[41]。正是因为磺胺甲噁唑在日常生活中被大量、频繁使用，而自然界中的微生物难以分解这类抗菌性强的药物，导致其长期存在于环境中，引起抗药细菌和抗性基因的产生，对生态环境以及人类健康造成严重影响。

1.3　抗炎药来源及环境污染

1.3.1　萘普生概况

萘普生（NPX）是非甾体类消炎药中的一种。NSAIDs 是一类非类固醇激素药物，它能消除疼痛、肿胀、炎症及肢体僵硬的症状。由于该类药物的滥用，NSAIDs 在水体中的残留量越来越大，逐渐引起了人们的注意。目前水体中含有的这类药物主要包括萘普生、阿司匹林、布洛芬及双氯芬酸等。

萘普生是一种合成的非甾体抗炎药，主要以其钠盐形式用于医疗护理，其副作用小、耐受性好，可作为治疗关节炎和风湿类疾病的有效抗炎药。但由于其大量使用导致了严重的药物残留并对水生生物造成明显的毒性。

由于萘普生的用途广泛，致使水体中的萘普生来源广泛，例如人及动物的排泄物、药厂制药废水的排放、医疗废水的排放等，同其他各类 PPCPs 一样，萘普生在污水处理厂中并不能被传统的污水处理工艺完全降解，其在水厂中的去除率大约在 40%～65%之间。萘普生在低浓度或高浓度下的存在可能带来有害的毒理学后果。Olkowska 等[42]通过研究发现，人类长期痕量地摄入萘普生会引发中风，严重者甚至会产生肺部毒性效应。除此之外，长时间摄入痕量萘普生的人患心脏病或中风的风险高于未接触过这种药物的人。

1.3.2 萘普生理化性质

萘普生（NPX）又名甲氧异丙酸，是白色或微白色结晶粉末，无味，分子量为 230.3，熔点 156℃。比旋光度为+63°～68.5°，可溶于乙醚、乙醇、氯仿及甲醇，在水中微溶，其化学特征如表 1-2 所列。

表 1-2　萘普生的化学特征

名称	CAS 号	结构式	分子量	lgK_{ow}	pK_a	水溶性（25℃）/(mg/L)
萘普生	22201-53-1		230.26	3.18	4.15	15.9

我国初次生产萘普生要追溯到 20 世纪 80 年代，由于技术尚不成熟、市场尚未打开等因素，初次生产年产量仅十数吨；1990 年之后，我国萘普生药物产量开始上升，20 世纪 90 年代中期，萘普生年产量可达约 40t；90 年代末，产量更是上升到 100t；如今，在我国萘普生的年产量甚至超过了 200t[43]。萘普生作为一种广泛使用的非甾体抗炎药，具有抗炎、退热和止疼等作用[44]，萘普生通过家庭或医疗设施直接排放，以及随着人和动物的排泄物进入水生环境。在城市污水处理厂进水中发现萘普生的浓度范围为 0.1～7.69μg/L，在地表水中的平均浓度高达 250ng/L[45]，甚至在饮用水中都有检出[46]。尽管萘普生不具有内在持久性（半衰期为 27d），但由于其巨大的产量和消费量，它被认为是水生环境中的一种假持久性化合物[47]。

1.4　农药来源及环境污染

1.4.1　氰戊菊酯和氯氰菊酯概况

氰戊菊酯、氯氰菊酯是典型的拟除虫菊酯类农药，拟除虫菊酯类农药占居农药市场第三位，具有经济、高效、施用广泛等特点，长期大剂量施用会对环境造成污染，在环境中富集会影响人畜健康。氰戊菊酯、氯氰菊酯是应用最广泛的拟除虫菊酯类杀虫剂，多用于农作物的害虫防治。已有研究发现，此二类农药会在环境中大量蓄积，成为环境内分泌干扰物，引发人畜内分泌系统紊乱，严重的可致肿瘤，其危害不容忽视。

氰戊菊酯在实际应用中的常用名有速灭杀丁、杀灭菊酯、来福灵、中西杀灭菊酯等，是一种拟除虫菊酯类杀虫剂[48]，以其低毒、高效的特点，被广泛用于农业、林业、中药等种植及储备过程中的害虫防治上。氰戊菊酯的杀虫机制主要为：对天敌无选择性，同时具有触杀和胃毒作用，无内吸传导和熏蒸作用，对磷翅目幼虫效果较好，对同翅目、直翅目及半翅目等害虫效果也不错，但对螨类无效。

已有研究发现，氰戊菊酯是环境内分泌干扰物质[49]，国内外学者对此还在进一步研究中。人们越来越重视人类、动物的生殖健康问题[50,51]。氰戊菊酯可以干扰人畜正常的内分泌机制功能，通过体外试验结果发现，流行病学调查也显示其具有一定的生殖毒性[52]；同样通过体外试验的结果，发现氰戊菊酯具有拟雌性激素活性[53]，并可以诱导人乳腺癌细胞（MCF-7）增殖，从而诱发人畜乳腺癌等疾病。另外，氰戊菊酯还可以影响原癌基因（WNT10B）的表达，从而增加人畜患乳腺癌疾病的概率[54]。

氯氰菊酯的杀虫作用在于其是神经轴突毒剂，可使害虫出现极度兴奋、痉挛、麻痹等症状，使害虫产生神经毒素，最终导致其神经传导完全被阻断，不仅如此，对神经系统以外的其他细胞组织也同样可以产生病变并导致其死亡。氯氰菊酯的触杀和胃毒作用，对某些害虫的卵也有杀伤作用，药效迅速，使用得当对植物本身比较安全。氯氰菊酯的杀虫范围广泛，对双翅目、直翅目、缨翅目、半翅目、鞘翅目、鳞翅目等多种农业害虫有效，与氰戊菊酯类似，都对盲蝽、螨类作用效果较差。已有实验表明，施用氯氰菊酯触杀对有机磷农药有抗性的害虫效果较好，有负交互抗药性[55]。

氯氰菊酯主要是通过皮肤接触或呼吸进入体内，属于中等毒性。皮肤大面积接触会引发人畜麻木、震颤、发痒、灼热、供给失调、小便失禁、抽搐等症状，严重可导致死亡。氯氰菊酯具有神经毒性，影响神经中枢，引起中毒表现：恶心、胃疼、腹泻、呕吐不止，随后会出现抽搐、痉挛、神志不清、昏迷等症状[56]。人们越来越关注此类农药的污染以及治理，研究出有效的农药降解途径，在防治农作物疾病的同时，保护生态环境及人畜健康问题刻不容缓。

1.4.2　氰戊菊酯和氯氰菊酯理化性质

氰戊菊酯（fenvalerate）的化学式为 $C_{25}H_{22}ClNO_3$，分子量为 419.91，其结构式见图 1-3。

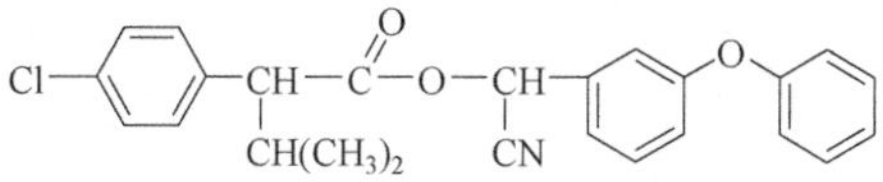

图 1-3　氰戊菊酯化学结构式

氰戊菊酯是第一大拟除虫菊酯类杀虫剂农药，难溶于水、易溶于有机溶剂，如氯仿、丙酮、甲醇等，对热、潮湿、强光照比较稳定，在酸性介质中相对稳定，在碱性介质中会迅速水解。由于其物理性质温和，因此在施用后长期存在于土壤中。随着我国人口增多，对农作物的需求日益增大，杀虫剂的用量和使用频率也就不断增加，氰戊菊酯也同样被广泛用于农林害虫、家畜疾病传播媒介的防治过程中[57]，这就导致害虫对氰戊菊酯产生了抗药性[58]，大量、长期使用氰戊菊酯使昆虫的抗药性增强，对环境的危害也日益明显。此外，长期接触氰戊菊酯类农药，氰戊菊酯会在人体内蓄积，如长期食用残留的食物和饮用水等，都严重危害人类的健康。

氯氰菊酯（cypermathrin）的化学式为 $C_{22}H_{19}C_{12}NO_3$，分子量为 416.3，其结构式见图 1-4。

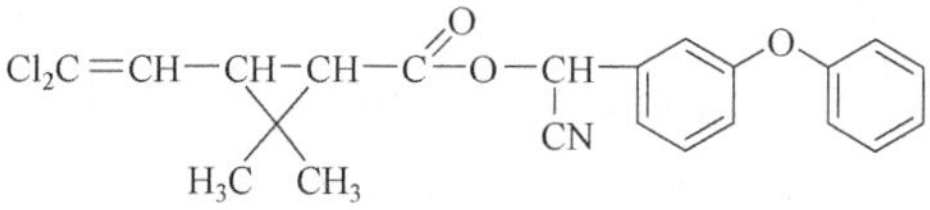

图 1-4　氯氰菊酯化学结构式

氯氰菊酯是仅次于氰戊菊酯的第二大拟除虫菊酯类杀虫剂农药，被广泛应用于蔬菜、瓜果、茶树等多种农作物上。氯氰菊酯与绝大部分拟除虫菊酯类农药不同，其半衰期较长，大多数拟除虫菊酯类农药在施用时就可以被降解代谢，而氯氰菊酯具有较强的光、热稳定性，自然条件下很难被降解[59]，杀虫剂的用量和使用频率也就不断增加，用量长期超负荷，使很多害虫对氯氰菊酯产生了抗药性的同时，也造成了农作物及土壤中氯氰菊酯类农药的大量残留，给人类健康和自然环境带来了严重的威胁[60]。

1.5 研究现状

1.5.1 磺胺类抗生素药物研究现状

1.5.1.1 传统工艺对 SMX 的去除

目前，传统污水处理工艺对 SMX 的去除效率有限。Joss 等[61]的研究中分别监测了 CASS 工艺和 MBR 工艺进出水中 SMX 的含量，处理前后的 SMX 含量无明显变化，但是 SMX 常见的转化产物 4-氨基苯磺酰胺的去除率较高，在 60%～90%之间。该研究还证明了 SMX 的去除与反应器结构、污泥龄（SRT）、系统温度无关。另一项研究发现，经过 WWTPs 处理后 SMX 的浓度有所增加，研究者认为这可能是因为在处理过程中 SMX 的代谢产物重新转化成 SMX，导致传统工艺对 SMX 的处理效率较低，但是研究中并没有监测代谢产物所以无法证实该结论。Göbel 等[62]注意到 MBR 中磺胺类的生物降解不依赖于 SRT，而是与有机底物的浓度正相关。类似的结果也是如此。Galán 等[63]研究了 10 种不同的行为 MBR 和 CAS 中的磺胺类药物，结果表明在高混合液悬浮固体量（MLSS）和更长的 SRT 条件下，MBR 在磺胺去除方面优于 CAS，MBR 甚至可以几乎完全去除一些磺胺类药物，但生物膜法需要定期换膜，运行成本较高。

在 WWTPs 处理 SMX 的过程中，微生物群落结构发生变化，但缺乏微生物降解 SMX 的机理研究。Rosal 等[64]的研究调查了污水处理厂对城市污水中 70 多种 PPCPs 的处理情况，结果表明 SMX 以及其他 14 种药物的去除率低于 20%。WWTPs 对 SMX 的处理效率则不同，300ng/L 的 SMX 经 A^2/O 处理后的浓度为 81.9ng/L，去除效率为 72.7%。但在其他研究中 A^2/O 工艺处理 SMX 的效率却很低，这说明在 WWTPs 中 SMX 的去除效率受很多因素的影响，例如进水成分组成、微生物种类等。现有研究表明 WWTPs 不能有效去除 SMX，需要利用新型工艺提高对 SMX 等痕量污染物的去除效果。

1.5.1.2 人工湿地对 SMX 的去除效能研究进展

人工湿地作为一项污水处理工艺已有 40 多年的发展历史，在去除常规污染物的同时对重金属、难降解有机物、油脂类污染物也有较高的去除率。有研究认为生物降解是 SMX 在垂直流湿地中的主要降解方式。Sochacki 等[65]利用垂直流湿地处理浓度为 0.5mg/L 的 SMX 和双氯芬酸，SMX 的去除率高达 90% 以上。通过鉴定人工湿地中 SMX 的转化产物证明了 SMX 降解过程中发生了多种反应，包括（多重）羟基化、去甲基化、脱氨基、与谷胱甘肽和 N-乙酰化结合。SMX 进入系统后微生物群落中优势菌群发生了明显变化。研究发现植物可以加速羟基化的 SMX 转化成其他产物。SMX 在人工湿地系统中可被快速去除，1h 的去除率可达 99.7% 以上。当系统中 SMX 的浓度在 0～1000μg/L 范围内逐渐提高时，有无植被存在的系统中微生物活性均呈现出下降趋势[66]。目前，人工湿地对难降解有机物以及重金属的降解途径尚不明确，应更加关注降解过程中人工湿地系统中微生物群落结构的变化，从微观角度解释其降解机理。

1.5.1.3 新型工艺对 SMX 的去除

以往的国内外学者的早期研究主要集中于 SMX 对好氧颗粒污泥的理化性质与污染物去除效能的影响情况，考察 SMX 对好氧颗粒污泥的短期、长期影响以及恢复过程。Zhao 等[67]利用好氧颗粒污泥膜反应器（GMBR）工艺降解包含 SMX 在内的 5 种抗生素。利用 MBR 反应器培养好氧颗粒污泥，确定反应器中已形成稳定的颗粒污泥之后向进水中加入浓度为 50 μg/L 的 SMX。研究结果表明，好氧颗粒污泥对浓度为 50 μg/L 的 SMX 的去除率为 78.5%，加入的抗生素会对好氧颗粒污泥处理常规污染物的效能产生影响，但随着反应器的继续运行，常规污染物的去除效率会逐渐恢复。以好氧颗粒污泥序批式反应器（GSBR）工艺为基础利用好氧颗粒污泥降解 SMX 等抗生素，反应器稳定运行后向反应器系统中加入适量甲醇作为碳源，可以使 SMX 的去除率稳定在 60%以上。实验室规模的反应器进水中通常以葡萄糖或乙酸钠作为碳源，甲醇作为污水中有机物的另一种碳源，对系统中有机质的浓度有很大的影响，可能是保持去除率稳定在较高水平的原因之一[68]。

Alvarino 等[69]探究了 MBR 工艺对 SMX 的去除效果。通过在 MBR 工艺前增加厌氧预处理装置，提升 MBR 工艺对 SMX 的处理效率，相对于单一 MBR 工艺，这种结合技术可以去除更多的 SMX，并且 COD 的去除效率也获得提升。以医院排放的实际污水为进水，利用中试规模的 MBR 反应器对其进行处理。由于实际排放污水的成分复杂、各种抗生素含量波动较大，导致 MBR 工艺对 SMX 的去除效率波动较大，但最终的平均去除率维持在较高水平，约为 79%[70]。Vo 等[71]也研究了 MBR 工艺与其他工艺相结合时对抗生素的去除情况。Sponge-MBR 工艺与臭氧氧化工艺相结合用于处理 SMX 及其他 6 种医院排放污水中常见的抗生素，其中对 SMX 的去除率为 66.1%，而对其他抗生素的去除率均在 80%以上。

近年来研究者们开始关注 SMX 降解过程中的微生物变化情况。Zhao 等[72]发现在 GMBR 运行过程中，能够降解抗生素的微生物会逐渐积累，成为系统中的优势菌群。利用高通量测序技术，监测好氧颗粒污泥处理系统中的微生物群落变化情况，发现耐抗生素微生物如 *Firmicutes* sp.、*Aeromonas* sp.和 *Nitrospira* sp.在含抗生素污水的处理中起着关键作用。Kang 等[73]以 SBR 反应器为基础，利用好氧颗粒污泥和活性污泥分别处理 2 μg/L 的 SMX，监测了好氧颗粒污泥和悬浮污泥系统中微生物群落以及污泥性能的变化情况。尽管 2μg/L 的 SMX 对悬浮污泥和好氧颗粒污泥的常规污染物去除能力没有明显影响，但悬浮污泥和颗粒污泥中的群落结构上存在着显著差异。通过分析新型工艺降解 SMX 的情况（如表 1-3 所列），发现新型工艺的运行有利于 SMX 的去除，去除率在 60%～79.8%之间。

表 1-3　新型工艺对 SMX 处理情况

反应器类型	底物浓度/(μg/L)	去除率/%	去除机理	对颗粒污泥有无影响
GMBR	50	78.5	生物降解	有
GMBR/GSBR	50	79.8	生物降解	有
GSBR	50	>60	生物降解	有
GMBR	50～55	79.8	生物降解	有
GSBR	2	73～84	生物降解	无

　　SMX 进入好氧颗粒污泥系统后，通常会影响颗粒性质及其对常规污染物的降解能力。此外，好氧颗粒污泥系统中存在可降解 SMX 的菌群，但菌群对 SMX 的降解途径及其代谢产物的相关研究不够深入，仍然需要从微观方面更深入地研究其降解机理。

1.5.1.4　好氧颗粒污泥降解磺胺甲噁唑的研究进展

　　以往的研究表明，好氧微生物和厌氧微生物对 SMX 均有一定降解效果，而好氧颗粒污泥的特殊结构允许多种好氧、兼性或专性厌氧型微生物的存在，因此好氧颗粒污泥具有高效降解 SMX 的潜力。在实际环境中，好氧颗粒污泥也能有效降低废水的主要污染指标，如生物需氧量、氮、磷等[74]。对于好氧颗粒污泥去除传统污染物的研究已经十分成熟，然而到目前为止，对于好氧颗粒污泥与磺胺甲噁唑等新兴污染物之间的相互作用所知甚少[75]。关于磺胺甲噁唑对好氧颗粒污泥形成的影响尚无研究报道。

　　好氧颗粒污泥对 SMX 的降解效率通常在73%～82%之间，在 SMX 进入好氧颗粒污泥系统后通常会影响其对 COD 等常规污染指数的去除效果，但这种影响不会长期存在。为避免吸附作用影响，通常在 SMX 进入好氧颗粒污泥系统5～7d对出水中 SMX 含量进行测定。利用好氧颗粒污泥降解浓度为 50μg/L 的 SMX，SMX 在好氧颗粒污泥体系中存在 7d 后的去除效率为78.5%。Zhao 等[76]发现在抗生素长期存在的压力下，好氧颗粒污泥中能够利用的抗生素的微生物的种群丰度会明显升高，其中 *Firmicutes* sp.、*Aeromonas* sp.和 *Nitrospira* sp.在含抗生素污水的处理中起着关键作用。Kang 等[77]分别利用活性污泥和颗粒污泥去除 2μg/L 的 SMX，发现好氧颗粒污泥和活性污泥的微生物群落演替存在很大差异，

并认为 *Rhodocyclaceae*、*Zoogloea*、*Shewanella*、*Aeromonas* 可作为 SMX 的抗性基因。

1.5.1.5 磺胺甲噁唑降解途径研究进展

降解通常包括两种情况：一种情况是将 SMX 转化成其他物质，然后再进一步降解其中间产物，最终得到结构简单的化合物；另一种情况是对 SMX 结构上的基团进行简单修饰。不同微生物对 SMX 的降解程度存在差异。目前已报道的 SMX 的降解或转化在其结构上会发生以下 4 种变化方式：

① 苯环与异噁唑环的断裂；

② 苯环上氨基的变化；

③ 异噁唑环的变化；

④ 磺酰基上的变化。

其中苯环与异噁唑环的断裂是好氧条件下最常见的 SMX 降解方式，产物有 3-氨基-5-甲基异噁唑（3A5MI）、对氨基苯酚、对苯二酚、对硫基苯胺、对氨基苯磺酸等物质。粪产碱杆菌通常可以将 SMX 苯环上的氨基乙酰化和羟基化。异噁唑环的破坏通常发生在厌氧条件下，例如硫酸盐和三价铁在还原条件下对 SMX 的降解。目前关于磺酰基的变化并不多见，磺酰基上的硫原子和氧原子同时脱去，有研究者认为这种降解方式不具备普遍性。这几种途径产生的具体产物见图 1-5。

1.5.2 萘普生抗炎药研究现状

关于萘普生的生物降解途径（例如代谢或共代谢）和重要功能性微生物在其降解中的作用的信息相对较少。有研究人员在污水处理厂活性污泥中检测到其存在生物降解[78]，同样在真菌存下的培养基中也检测到生物降解[79]，但至今为止很少有研究关注天然微生物群落在萘普生降解中的作用。另一个需要关注的方面是萘普生通常与其他药物一起在环境中被发现[80]。混合物可能具有未知的协同或拮抗作用，由此可知萘普生降解途径可能受到与其他药物共存的影响[81]，但是，关于萘普生降解途径的知识到目前为止还很有限。

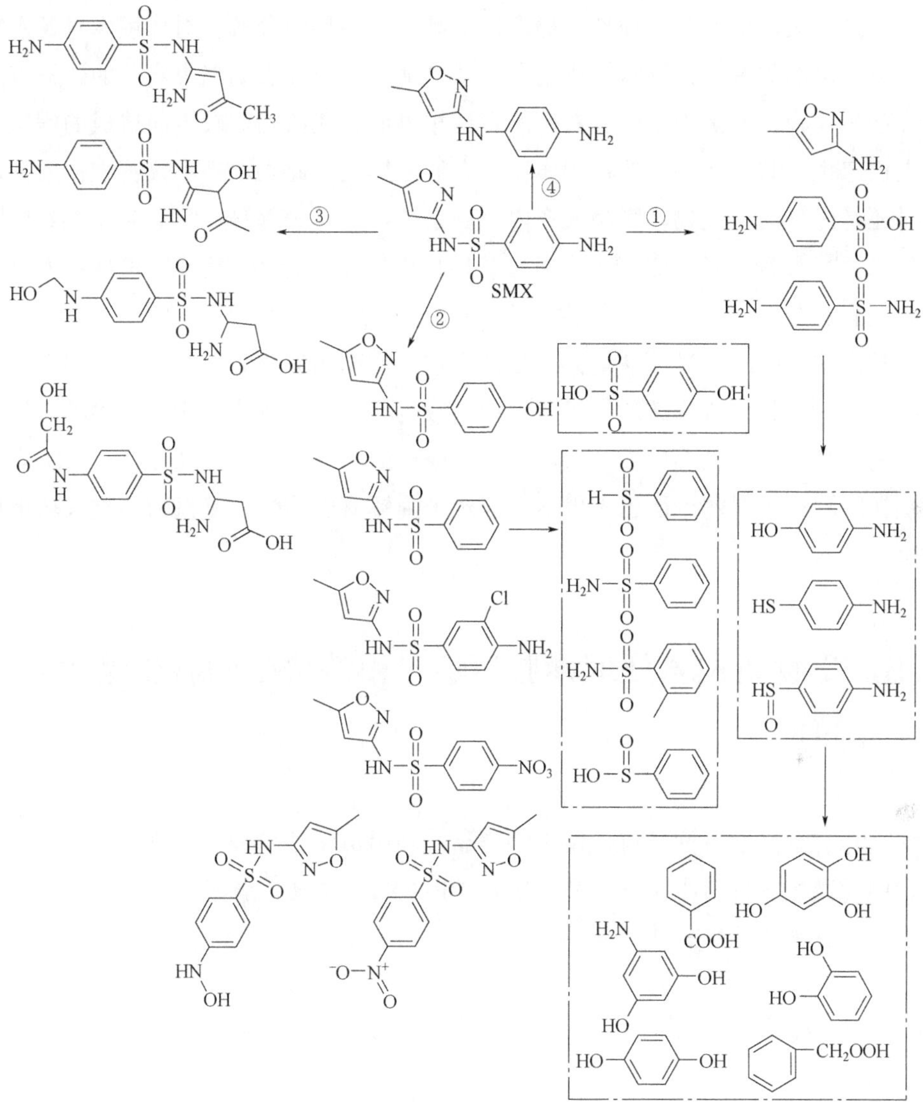

图 1-5 已检测到的 SMX 降解途径及产物

1.5.3 氰戊菊酯和氯氰菊酯农药研究现状

氰戊菊酯、氯氰菊酯这两类农药是目前应用最为广泛的拟除虫菊酯类农药，应用于蔬菜、瓜果、茶树等多种农作物害虫防治方面。氰戊菊酯、氯氰菊酯在环境中大量富集，由于其物理性质稳定，不易在自然界中分解，对环境本身及生物体造成一定的危害。我国对氰戊菊酯、氯氰菊酯等拟除虫菊酯类农药的降解方法研究起步较晚，这是由于此类农药的毒性相对低、残留相对较少而造成的假象，使人们忽视了其在环境中的蓄积作用。人们陆续发现此类农药不仅蓄积作用强，同时还是内分泌干扰物，影响人畜内分泌系统[82]、免疫系统[83,84]、生殖系统[85]、遗传毒性[86]及神经毒性[87]等，大量且长期使用造成生态环境污染，可导致人类肿瘤等疾病的发生，因此对氰戊菊酯、氯氰菊酯的降解处理刻不容缓。

超声法、Fenton 试剂法均为水处理中常用的高级氧化处理法[88,89]，超声联合Fenton 试剂法处理难降解的有机废水应用较为广泛[90]，优点在于操作简单、处理效率高、易实现，且不产生二次污染，生成清洁小分子[91]，如 CO_2 和 H_2O 等。该法在降解有机农药方面已有报道，但对于降解氰戊菊酯、氯氰菊酯类农药报道较少。

1.6 生物新技术处理磺胺甲噁唑和萘普生的微生物生态学特征

选择有意义的时间节点保留生物样品，利用组学技术分析生物处理技术应用过程中的微生物群落生态学特征，对掌控 PPCPs 类物质降解过程和解析相互的作用机制具有重要的指导性意义。

1.6.1 好氧颗粒污泥技术处理磺胺甲噁唑微生物生态特征

好氧微生物和厌氧微生物对 SMX 均有一定降解效果，而好氧颗粒污泥的特殊结构允许多种好氧、兼性或专性厌氧型微生物的存在，因此好氧颗粒污泥具有高效降解 SMX 的潜力。好氧颗粒污泥系统对常规污染物和磺胺甲噁唑 SMX 较好的去除效果显而易见，而微生物在 SBR 系统中起到怎样的作用可以从微生物生态学的角度解释。

图 1-6（彩色版见书后）给出了 SBR 系统中微生物菌门的构成和比例，其中

Proteobacteria 在好氧颗粒污泥系统中比例可达 38.63%。随着好氧颗粒污泥系统的运行，Proteobacteria 比例从 36.61% 逐渐下降至 33.35%。比例较高且变化浮动较大的菌门有 Actinobacteria（9%～32.09%）、Bacteroidetes（10.37%～18.15%）、Saccharibacteria（4.64%～30.87%）、Chloroflexi（0.34%～11.1%）、Planctomycetes（0.8%～3.4%）和 Nitrospirae（0.6%～2.52%），好氧颗粒污泥系统常见的菌群基本都分布在这些菌门中[92]。这些菌门的变化与系统的运行和 SMX 的抑制作用存在一定的相关性，尤其 Actinobacteria 和 Saccharibacteria 在 R1 系统颗粒化过程中呈现出与 Proteobacteria 变化相反的趋势，随着系统运行菌群比例逐渐加大。好氧颗粒污泥系统进入稳定运行阶段，Saccharibacteria 的含量变化趋势出现递减情况，关于此菌门在好氧颗粒污泥系统处理城市废水过程中成为优势菌群的报道少之又少[93,94]，而 Actinobacteria 的趋势可从 Wang 等[95]的研究中发现相关性，放线菌可以利用磺胺甲噁唑作为碳源进行生长繁殖。

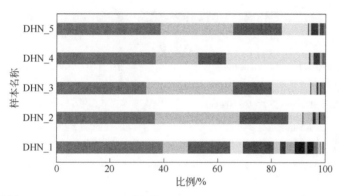

图例		
■ 变形菌门(Proteobacteria)	放线菌门(Actinobacteria)	■ 拟杆菌门(Bacteroidetes)
单糖菌门(Saccharibacteria)	■ 绿弯菌门(Chloroflexi)	浮霉菌门(Planctomycetes)
■ 硝化螺旋菌门(Nitrospirae)	■ 酸杆菌门(Acidobacteria)	■ 厚壁菌门(Firmicutes)
■ 疣微菌门(Verrucomicrobia)	■ 芽单胞菌门(Gemmatimonadetes)	■ Unclassified_k_norank(未分类)
绿菌门(Chlorobi)	俭菌总门(Parcubacteria)	衣原体门(Chlamydiae)
螺旋体门(Spirochaetes)	■ 蓝菌门(Cyanobacteria)	迷踪菌门(Elusimicrobia)

图 1-6　微生物菌门分布情况

好氧颗粒污泥系统菌属结构变化趋势如同菌门分析趋势一样（图 1-7，彩色版见书后），Saccharibacteria 菌门的 *norank_p_Saccharibacteria* 菌属经过系统 5μg/L 的 SMX 刺激比例逐渐增加，成为系统优势菌群。随着系统运行，*norank_p_Saccharibacteria* 的含量由 4.62% 上升到 30.8%，远远超过了同期无 SMX 添加的 SBR

系统。目前，尚无 SMX 与 *norank_p_Saccharibacteria* 之间变化机制的报道，但是却有一些 *norank_p_Saccharibacteria* 可以推动抗生素的生物合成，以及另一类磺胺类抗生素——磺胺嘧啶的降解过程，并且在磺胺嘧啶降解过程中起主导作用[96]。此外，与 *norank_p_Saccharibacteria* 变化趋势一致的菌属还有 *Thauera*，该菌属对高浓度抗生素具有较强的适应性而且具有降解抗生素的能力 [97]。说明 SMX 并未抑制 *Thauera* 菌属的生长，反而有利于其生长，也就是说抗生素的有效去除与微生物生态学特征息息相关。

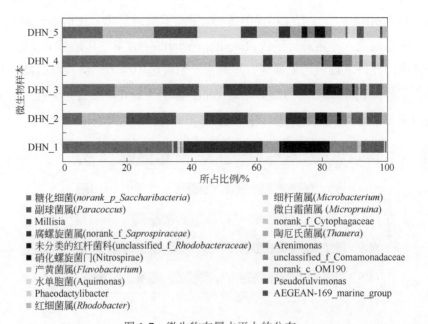

图 1-7　微生物在属水平上的分布

Paracoccus 和 *Microbacterium* 在好氧颗粒污泥系统中都有明显的增殖情况。其中，*Paracoccus* 是典型的好氧反硝化菌，能以硝酸盐、亚硝酸盐或氧化氮为电子受体营厌氧生长，在厌氧条件下富集磺胺甲噁唑降解菌，在驯化后的污泥中发现 *Paracoccus* 的丰度明显增加[98]。可以说 *Paracoccus* 为好氧颗粒污泥系统反硝化过程的进行做出重要贡献。

与硝化过程关系密切的氨氧化细菌（ammonia oxidizing bacteria，AOB）和亚硝酸盐氧化细菌（nitrite oxidizing bacteria，NOB）菌群在好氧颗粒污泥系统中被发现，*Nitrosomonas* 的含量<0.001%，*Nitrospira* 的含量>0.6%，这与 Barros 等[99]

在 TMP 和 SMX 共同存在的颗粒污泥系统的研究中，NOB 的含量高于 AOB 的趋势是一样的。关于 SMX 与氮素之间的作用关系众说纷纭，如有观点认为有碳无 NH_4^+ 更有利 SMX 去除[100]，有观点认为与硝化速率相关，其中氨氧化细菌（AOB）不需要有适应期即可高效降解 SMX 等[101]，在本书涉及的研究中，好氧颗粒污泥系统含有充足的碳源和氮源，随着系统的运行，微生物降解 SMX 的平均去除效率都在 70%以上。因此，SMX 与微生物相互作用的机制需要更加深入的探讨。

微生物多样性指数也可以反映生物处理技术应用的情况。例如，Alpha 多样性包括 Sobs、Chao、Ace、Shannon、Simpson、Coverage、Heip、Smith-Wilson 等指数。其中 Chao 在生态学中常用于估计物种总数，Ace 是用于估计群落中 OTU 数目的指数，Shannon 和 Simpson 是用来估算样品中微生物多样性的指数。好氧颗粒污泥系统处理磺胺甲噁唑时的 Alpha 多样性结果见表 1-4。这个结果表明在好氧颗粒污泥系统的整个运行过程中，有微生物结构发生较大变化，菌属结构此消彼长，而磺胺甲噁唑的存在刺激了微生物发生变化，调整不同菌属的含量和更多的防御物质（如 EPS 等）以适应抗生素的毒害作用。

表 1-4　Alpha 多样性结果

样品编号	Shannon	Simpson	Ace	Chao	Coverage
DHN_1	6.264656	0.004025	1482.986	1479.482	0.998815
DHN_2	3.507213	0.062300	501.4139	496.1091	0.997452
DHN_3	3.438905	0.062218	492.8937	483.0690	0.997590
DHN_4	3.700262	0.064964	498.0191	498.6604	0.998318
DHN_5	3.922132	0.045020	532.3883	527.9167	0.998035

1.6.2　萘普生降解菌群微生物生态学特性

与生物处理技术去除磺胺甲噁唑的微生物生态学特性讨论方法相同，对于萘普生降解菌群的微生物菌群结构也可以通过多样性指数进行讨论，得到的结果如表 1-5 所列。OTUs 是指在微生物群落分析中，为了便于分析而为某一分类单元设置的同一标志，一个小组就是一个 OTU，OTU 数目的减少代表着物种丰度的下降；Shannon、Simpson 都是用来估算样品中微生物多样性的指数。Shannon 指数越高，代表群落中微生物多样性越高；Simpson 指数越高，代表群落中微生物多样性越低。Ace、Chao 用来估算样品中微生物物种的总数。

表 1-5　污泥样品多样性及丰度指数统计

样品编号	OTUs	Shannon	Simpson	Ace	Chao	Coverage
1	749	5.15	0.014	1150.9	749.6	99.98%
2	113	2.90	0.086	751.4	336.1	99.94%
3	109	2.85	0.123	283.5	116.1	99.97%
4	86	2.46	0.175	129.9	86.0	99.96%

所有样本经检测对比后确定基因组文库覆盖率高于 99%，反映了测序结果的可靠性与真实性。Ace、OUTs、Chao 和 Shannon 指数明显下降，而 Simpson 指数逐渐增大，说明高浓度的萘普生对活性污泥中的菌群进行了筛选，在这种选择压力之下，活性污泥中群落的丰富度明显下降，微生物群落的多样性也逐渐降低。以 Chao 指数为代表进行样本之间的关联性分析。结果显示样本的 Chao 指数由最初的 749.6 下降至 86.0，Chao 指数越大，代表微生物总数越多，即群落的丰富度越高，经过长期驯化，Chao 指数明显下降，表明活性污泥中的微生物逐渐适应新的环境，而无法适应的微生物则已被淘汰。

经过萘普生驯化筛选得到的微生物菌群从 495 种下降到 77 种[102]。其中，有 18 种微生物菌属自始至终存在于系统中，说明这 18 种菌属能够适应含萘普生的环境。针对这 18 种优势微生物进行了多样性检测和群落结构分析，得到的结果如图 1-8 所示（彩色版见书后）。

萘普生降解菌群在驯化过程中，随着萘普生浓度的变化其群落结构发生改变，物种丰富度也随之改变。当萘普生浓度不断提高，Rhodanobacter 菌属丰度也不断升高，同时其他种类菌属的丰度逐渐下降，Rhodanobacter 菌属逐渐成为优势菌属，这可能与 Rhodanobacter 菌属利用萘普生作为碳源进行生长有关，进而判断 Rhodanobacter 菌属微生物在降解萘普生的过程中起到了积极的作用。除此之外，Acidisphaera 菌属和 Acidiplla 菌属等微生物种群在驯化过程中的相对丰度逐渐增大，推测这些菌属也可能参与萘普生的降解过程[103,104]。因此，抗炎药萘普生（NPX）的降解去除过程与微生物的相互作用联系密切，需要深入地探讨其相互作用机制。

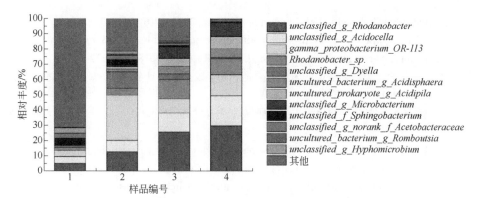

图 1-8 萘普生降解菌群在"属"分类水平上的分布

酸胞菌属（*Acidocella*）；蛋白质菌（*proteobacterium*）；酸球形菌属（*Acidisphaera*）；
微杆菌属（*Microbacterium*）；鞘氨醇杆菌属（*Sphingobacterium*）；醋杆菌科（Acetobacteraceae）；
罗姆布茨菌（Romboutsia）；生丝微菌属（*Hyphomicrobium*）

参 考 文 献

[1] Daughton C G, Ternes T A. Pharmaceuticals and personal care products in the environment: agents of subtle change?[J]. Environ Health Perspect, 1999, 107 (Suppl 6): 907-938.

[2] Li J N, Zhou Q Z, Campos L C. Removal of selected emerging PPCP compounds using greater duckweed (Spirodela polyrhiza) based lab-scale freewater constructed wetland[J]. Water Res, 2017, 126: 252-261.

[3] Li J Y. Environmental fat and behavior of three commonly used pharmaceutical and novel chiral pesticide paichongding in soil[D]. Hangzhou: Zhejiang University, 2014.

[4] Liu Y Q, Liu Y, Tay J H, et al. Influence of phenol on nitrification by aerobic granules[J]. Process Biochem, 2005, 40: 3285-3289.

[5] 李明月. 污水处理厂中医药品与个人护理品的分布与归趋[D]. 北京: 中国科学院大学, 2015: 45-47.

[6] Vieno N, Tuhkanen T, Kronberg L. Elimination of pharmaceuticals in sewage treatment plants in Finland[J]. Water Research, 2007, 41(5): 1001-1012.

[7] Reinthaler F F, Posch J, Feierl G, et al. Antibiotic resistance of E.coli in sewage and sludge[J]. Water Research, 2003, 37(8): 1685-1690.

[8] Hu J, Shi J, Chang H, et al. Phenotyping and genotyping of antibiotic-resistant Escherichia coli isolated from a natural river basin[J]. Environmental Science&Technology, 2008, 42(9): 3415.

[9] Cleuvers M. Mixture toxicity of the anti-inflammatory drugs diclofenac, ibuprofen, naproxen, and acetylsalicylic acid[J]. Ecotoxicol Environ Saf, 2004, 59(3): 309-315.

[10] Mei A C, Hill E M, Tyler C R. Uptake and biological effects of environmentally relevant concentrations of the nonsteroidal anti-inflammatory pharmaceutical diclofenac in rainbow

trout (Oncorhynchus mykiss)[J]. Environ Sci Technol, 2010, 44(6): 2176-2182.

[11] Ma X Y, Li Q, Wang X C, et al. Micropollutants removal and health risk reduction in a water reclamation and ecological re-use system[J]. Water Research, 2018, 138: 272-281.

[12] 康杜. 生物膜光反应器去除污水中营养盐和药品及个人护理品的研究［D］. 北京：中国地质大学，2018.

[13] 孟霞. 水环境中PPCPs的处理方法及研究进展[J]. 城市建设理论研究（电子版），2017(20): 220.

[14] Reis R, Subrez S, Omil F, et al. Fate of pharmaceuticals and cosmetic ingredients during the operation of a MBR treating sewage[J]. Desalination, 2008, 221(221): 511-517.

[15] Cleuvers M. Aquatic ecotoxicity of pharmaceuticals including the assessment of combination effects[J]. Toxicol Lett, 2003, 142(3): 185-194.

[16] Wang S Z, Yin Y N, Wang J L. Microbial degradation of triclosan by a novel strain of *Dyella* sp.[J]. Appl Microbiol Biotechnol, 2018, 102(4): 1997-2006.

[17] 谢鹏，王慧，陈小军，等. 抗生素在环境中降解的研究进展[J].动物医学进展， 2009(3): 89-94.

[18] Wang L, Ying G G, Zhao J L, et al. Occurrence and risk assessment of acidic pharmaceuticals in the Yellow River, Hai River and Liao River of north China[J]. Sci Total Environ, 2010, 408: 3139-3147.

[19] Wang S Z, Wang J L. Biodegradation and metabolic pathway of sulfamethoxazole by a novel strain *Acinetobacter* sp.[J]. Appl Microbiol Biotechnol, 2018, 102(1): 425-432.

[20] Guo D C, A T T. Pharmaceuticals and personal care products in the environment: agents of subtle change [J]. Environmental Health Perspectives, 1999, 7(2): 10.

[21] Lin C, Cabassud C, Guigui C. Evaluation of Membrane Bioreactor on Removal of Pharmaceutical Micropollutants: a Review[J]. Desalination & Water Treatment, 2015, 55 (4): 845-858.

[22] Li Z, Lin G, Su Q, et al. Kinetics and thermodynamics of NPX Adsorption by γ -FeOOH in aqueous media[J]. Arabian Journal of Chemistry, 2018, 11(6): 910-917.

[23] Wang Z, Yan Y Y, He T, et al. Sediment bacterial communities associated with anaerobic biodegradation of bisphenol A[J]. Microb Ecol, 2015, 70(1): 97-104.

[24] Li J, Zhou Q, Campos L C. The application of GACs and wich Slows and filtration to remove pharmaceutical and personal care products[J]. Science of the Total Environment, 2018, 635: 1182-1190.

[25] BoZenaCzech A C, Hill E M, Tyler C R. Uptake and biological effects of environmentally relevant concentrations of the nonsteroidal anti-inflammatory pharmaceutical diclofenac in rainbow trout (Oncorhynchus mykiss)[J]. Environ Sci Technol, 2010, 44(6): 2176–2182.

[26] Kurniawan T A,Yanyan L, Ouyang T, et al. BaTiO/TiO_2 composite-assisted photo catalyticde gradation for removal of acetaminophen from synthetic waste water under UV-Visirr adiation[J]. Materials Science in Semiconduct or Processing, 2018, 73: 42-50

[27] Fan Y B, Zeng L Y, Ma J, et al. Research progress of PPCPs wastewater treatment with constructed wetlands[J]. Technol Water Treatm, 2017, 43(5): 16-21 (in Chinese).

[28] Wang D Q, Gersberg R M, Hua T, et al. Assessment of plant-driven uptake and translocation of clofibric acid by Scirpus validus[J]. Environ Sci Pollut Res, 2013, 20(7): 4612-4620.

[29] Yang D Q, Tan S K, Gersberg R M, et al. Removal of pharmaceutical compounds in tropical constructed wetlands[J]. Ecol Eng, 2011, 37(3): 460-464.

[30] 叶必雄, 张岚. 环境水体及饮用水中抗生素污染现状及健康影响分析[J]. 环境与健康杂志, 2015, 32(2): 173-178.

[31] 陈希佳, 吴欣妍. 水环境中抗生素的污染现状及其去除方法研究[J]. 环境与科技, 2008, 7(9): 24-27.

[32] 张从良, 王岩, 王福安, 等. 磺胺类药物在土壤中的微生物降解[J]. 农业环境科学学报, 2007, 26(5): 1658-1662.

[33] 文春波, 张从良, 王岩, 等. 磺胺嘧啶在土壤中的降解与迁移研究[J]. 农业环境科学学报, 2007, 26(5): 1677-1680.

[34] Luo Y, Xu L, Rysz M, et al. Occurrence and Transport of Tetracycline, Sulfonamide, Quinolone, and Macrolide Antibiotics in the Haihe River Basin, China [J]. Environmental Science & Technology, 2011, 45(5): 1827-1833.

[35] Xu W H, Zhang G, Zou S C, et al. A Preliminary Investigation on the Occurrence and Distribution of Antibiotics in the Yellow River and its Tributaries, China [J]. Water Environment Research, 2009, 81(3): 248-254.

[36] Shi L, Zhou X F, Zhang Y L, et al. Development of an analytical method for eight fluoroquinolones using solid-phase extraction and liquid chromatography with fluorescence detection [J]. Int J Environ Anal Chem, 2010, 90(14-15): 1085-1098.

[37] 张伦. 磺胺类药物产销现状及趋势[J]. 中国药房, 2005(8): 571-573.

[38] Nasuhoglu D, Yargeau V, Berk D. Photo-removal of sulfamethoxazole (SMX) by photolytic and photocatalytic processes in a batch reactor under UV-C radiation (lambdamax=254nm) [J]. Journal of Hazardous Materials, 2011, 186(1): 67-75.

[39] 金彩晟, 高若松, 吴春艳. 横陵类药物在环中的生态行为研究综述[J]. 浙江农业科学, 2011(1): 127-131.

[40] Chen J W, Peijnenburg WJGM, Quan X, et al. Quantitative structure–property relationships for direct photolysis quantum yields of selected polycyclic aromatic hydrocarbons[J]. the Science of the Total Environment, 2000, 246(1): 11-20.

[41] Bruce E Rittmann, Perry L. McCarty. 环境生物技术原理与应用[M]. 北京: 清华大学出版社, 2004: 88-95.

[42] Olkowska E, Ruman M, Kowalska A, et al. Determination of surfactants in environmental samples[J]. Water Research, 2013, 20(1): 69-77.

[43] Isidori M, Lavorgna M, Nardelli A, et al. Ecotoxicity of naproxen and its phototransformation products[J]. Sci Total Environ, 2005, 348: 93-101.

[44] Yoon Y, Westerhoff P, Snyder S A, et al. Nanofiltration and ultrafiltration of endocrine disrupting compounds, pharmaceuticals and personal care products [J]. Journal of Membrane Science, 2006, 270(1-2): 88-100.

[45] Carballa M, Manterola G, Larrea L, et al. Influence of ozone pre-treatment on sludge anaerobic digestion: Removal of pharmaceutical and personal care products[J]. Chemosphere, 2007, 67(7): 1444-1452.

[46] Carballa M, Omil F, Lema J M. Removal of cosmetic ingredients and pharmaceuticals in sewage primary treatment[J]. Water Research, 2005, 39(19): 4790-4796.

[47] Ternes T A. Occurrence of drugs in German sewage treatments plants and rivers[J]. Water Res, 1998, 3(2): 3245-3260.

[48] 胡静熠, 王守林, 赵人, 等. 氰戊菊酯对雄性大鼠生殖内分泌系统的影响[J]. 中华男科学, 2002, 8(1): 18-21.

[49] 张斌, 王鸣华. S,S-氰戊菊酯间接竞争酶联免疫吸附分析方法研究[J]. 分析化学, 2012, 40(4): 579-583.

[50] 肖琛, 李培武, 唐章林, 等. 氰戊菊酯残留胶体金免疫层析试纸条研制[J]. 化学试剂, 2011, 33(8): 675-679.

[51] 章恒, 项静英, 宁崔. 母体哺乳期氰戊菊酯染毒对子代青春期雌鼠行为发育的影响[J]. 中华劳动卫生职业病杂志, 2012, 30(4): 289-292.

[52] 韩杰, 张娇, 王国威. 阿特拉津与氯氰菊酯联合染毒对鲫外周血红细胞微核和核异常的影响[J]. 饲料工业, 2010, 31(24): 49-51.

[53] 杨叶新. 氰戊菊酯神经发育毒性体外研究[D]. 合肥：安徽医科大学, 2010.

[54] 张晏晏, 高乃云, 高玉琼, 等. 高级氧化技术去除水中双酚 A 研究进展[J]. 水处理技术, 2012, 38(8): 1-4.

[55] 白翠萍. 类 Fenton 高级氧化技术处理染料废水的研究[D]. 武汉：武汉理工大学, 2012.

[56] 丁海涛, 李顺鹏, 沈标, 等. 拟除虫菊酯类农药残留降解菌的筛选及其生理特性研究[J]. 土壤学报, 2003, 40(1): 123-129.

[57] Jiang J, Zhang D H, Zhang W, et al. Preparation, identification, and preliminary application of monoelonal antibody against pyrethroid insecticide fenvalerate[J]. Anal. Lett. , 2010, 43(17): 2773-2787.

[58] Al-Makkawy H K, Madbouly M D. Persistence and accumulation of some organic insecticides in Nile water and fish[J]. Resources, 1999, 27(1-2): 105-115.

[59] Sinha G, Agrawal A K, Islam F, et al. Mosquito repellent (pyrethroid-based) induced dysfunction of blood-brain barrier permeability in developing brain[J]. International Journal of Developmental Neuroscience, 2004, 22(1): 31-37.

[60] Mohnssen H M. Chronic sequelae and irreversible injuries following acute pyrethroid intoxication[J]. Toxicology Letters, 1999, 107(1-3): 161-176.

[61] Joss A, Zabczynski S, Gibel A, et al. Biological degradation of pharmaceutical sinmunicipalwastewater treatment: Proposing a classification scheme[J]. Water Res, 2006, 40(8):

1686-1696.

[62] Göbel A, Mcardell C S, Joss A, et al. Fate of sulfonamides, macrolides, and trimethoprim in different wastewater treatment technologies[J]. Science of the Total Environment, 2007, 372(2): 361-371.

[63] Galán García M J, Díaz-Cruz M S, Barceló D. Removal of sulfonamide antibiotics upon conventional activated sludge and advanced membrane bioreactor treatment [J]. Analytical and Bioanalytical Chemistry, 2012, 404(5): 1505-1515.

[64] Rosal R, Rodriguez A, Perdigon-Melon J A, et al. Occurrence of emerging pollutants in urban wastewater and their removal through biological treatment followed by ozonation[J]. Water Res, 2010, 44(2) : 578-588.

[65] Sochacki A, Nowrotek M, Felis E, et al. The effect of loading frequency and plants on the degradation of sulfamethoxazole and diclofenac in vertical-flow constructed wetlands[J]. Ecol.Eng, 2018, 122: 187-196.

[66] Rivera-Jaimes J A, Postigo C, Melgoza-Aleman R M, et al. Study of pharmaceutical sinsurface and wastewater from Cuernavaca, Morelos, Mexico: Occurrence and environmental risk assessment[J]. Sci.Total Environ, 2018: 613-614.

[67] Zhao X, Chen Z L, Wang X C, et al. PPCPs removal by aerobic granular s ludge membrane bioreactor[J]. Appl.Microbiol Biotechnol, 2014, 98(23): 9843-9848.

[68] ZhaoX, Chen Z, Wang X, et al. Remediation of pharmaceuticals and personal care products using an aerobic granular sludge sequencing bioreactor and microbial community profiling using Solexa sequencing technology analysis[J]. Bioresour Technol, 2015, 179: 104-112.

[69] Alvarino T, Suarez S, Garrido M, et al. A UASB reactor coupled to a hybrid aerobic MBR as innovative plant configuration to enhance the removal of organic micropollutants[J]. Chemosphere, 2016, 144: 452-458.

[70] Hamon P, Moulin P, Ercolei L, et al. Oncological ward wastewater treatment by membrane bioreactor: Acclimation feasibility and pharmaceuticals removal performances[J]. J.Water Process Eng, 2018, 21: 9-26.

[71] Vo T K, Bui X T, Chen S S, et al. Hospitalwastewater treatment by sponge membrane bioreactor coupled with ozonation process[J]. Chemosphere, 2019, 230: 377-383.

[72] Zhao X, Wang X C, Chen Z L, et al. Microbial community structure and pharmaceuticals and personal care products removal in a membrane bioreactor seeded with aerobic granular sludge[J]. Appl. Microbiol. Biotechnol, 2015, 99(1): 425-433.

[73] Kang A J, Brown A K, Wong C S, et al. Variation in bacterial community structure of aerobic granular and suspended activated sludge in the presence of the antibiotic sulfamethoxazole [J]. Bioresour Technol, 2018, 261: 322-328.

[74] Nancharaiah Y V, Kiran Kumar Reddy G. Aerobic Granular Sludge Technology: Mechanisms of Granulation and Biotechnological Applications[J]. Bioresource Technology, 2016, 247: 1128-1143.

[75] Yang G, Zhang N, Yang J, et al. Interaction Between Perfluorooctanoic Acid and Aerobic Granular Sludge[J].Water Res, 2020, 169: 115249.

[76] Zhao A, Schmidt N, Stieber M, et al. Biodegradation of pharmaceutical compounds and their occurrence in the Jordan Valley[J]. Water Res Manag, 2011, 2(5): 1195-1203.

[77] Kang A J, Brown A K, Wong C S, et al.Variation in Bacterial Community Structure of Aerobic Granular and Suspended Activated Sludge in the Presence of the Antibiotic Sulfamethoxazole[J]. Bioresource Technology, 2018, 261: 322-328.

[78] 马杜鹃. 水环境中萘普生光化学降解行为研究[D]. 广州: 广东工业大学, 2013: 56.

[79] Fouts D E, Szpakowski S, Purushe J, et al. Next generation sequencing to define prokaryotic and fungal diversity in the bovine rumen[J]. Plos One, 2012, 7(11): 482-489.

[80] Ruvindy R, Iii R A W, Neilan B A, et al. Unravelling core microbial metabolisms in the hypersaline microbial mats of Shark Bay using high-throughput metagenomics[J]. Isme Journal, 2015, 10(1): 183.

[81] Arceo C P P, Jose E C, Lao A R, et al. Reaction networks and kinetics of biochemical systems[J]. Mathematical Biosciences, 2016, 283: 13-29.

[82] Giri S, Sharma G D, Giri A, et al. Fenvalerate-induced chromosme averrations and sister chromatid exchanges in the bone marrowcells of micein vivo[J]. Mutation Research, 2002, 520: 125-132.

[83] 童湘婷, 朗朗, 季宇彬. 农药氰戊菊酯与雌二醇联合作用对乳腺癌 MCF-7 细胞的影响[J]. 亚太传统医药, 2010, 11: 10-14.

[84] Meng X H, Liu P, Wang H, et al. Cender-specific impairments on cognitive and behavioral development in mice exposed to fenvalerate during puberty[J]. Toxicol Lett, 2011, 203: 245-251.

[85] Wang H, Meng X H, Ning H, et al. Age-and gender-dependent impairments of neurobehaviors in mice whose mothers were exposed to lipopolysaccharide during pregnancy[J]. Toxicol Lett，2010, 192: 245-251.

[86] 何俊, 陈建锋, 刘茹, 等. 氰戊菊酯对卵巢细胞, 组织钙稳态和激素水平的影响[J]. 中华预防医学杂志, 2004, 38(1): 18-23.

[87] 童湘婷, 朗朗, 季宇彬. 氰戊菊酯和雌二醇对 MCF-7 细胞增殖的影响及联合作用研究[A]. 转化医学研讨会论文集, 2010, 27(2): 65-66.

[88] Grant R J，Betts W B. Biodegradation of the synthetic pyrethroid cypermethrinin used sheep dip[J]. Letters in Applied Microbiology，2003, 36：173-176.

[89] Kasat K, Go V, Beatriz G T，et al. Effects of pyrethroid insecticides and estrogen on WNT10B proto-oncogene expression[J]. Environment Inernational, 2002, 28: 429-432.

[90] 李玲玉, 刘艳, 等. 拟除虫菊酯类农药的降解与代谢研究进展[J]. 环境科学与技术, 2010, 33(4): 65-71.

[91] 沈翠丽. 氯氰菊酯在玉米及土壤中的残留分析研究[D]. 青岛: 青岛科技大学, 2007：4-28.

[92] Zhang T, Shao M, Ye L. 454 pyrosequencing reveals bacterial diversity of activated sludge

from 14 sewage treatment plants[J]. Isme Journal, 2012, 6(6): 1137-1147.

[93] Brinig M M, Lepp P W, Ouverney C C, et al. Prevalence of bacteria of division TM7 in human subgingival plaque and their association with disease[J]. Appl. Environ. Microbiol, 2003, 69: 1687-1694.

[94] Nikolaos Remmas. Dominance of candidate Saccharibacteria in a membrane bioreactor treating medium age landfill leachate: Effects of organic load on microbial communities, hydrolytic potential and extracellular polymeric substances[J]. Bioresource Technology, 2017, 238: 48-56.

[95] Wang L, Liu X, Lee D J, et al. Recent Advances on Biosorption by Aerobic Granular Sludge[J]. J Hazard Mater, 2018, 357: 253-270.

[96] Huanhuan Hou, Liang Duan, Beihai Zhou, et al. The performance and degradation mechanism of sulfamethazine from wastewater using IFAS-MBR[J]. Chinese Chemical Letters, 2015, 31: 543-546.

[97] Miran W, Jang J, Nawaz M, et al. Biodegradation of the sulfonamide antibiotic sulfamethoxazole by sulfamethoxazole acclimatized cultures in microbial fuel cells[J]. Science of the Total Environment, 2018, 627: 1058-1065.

[98] Hayashi M, Ishibashi T, Maoka T. Effect of astaxanthin-rich extract derived from *Paracoccus carotinifaciens* on cognitive function in middle-aged and older individuals[J]. Journal of Clinical Biochemistry & Nutrition, 2018, 62 (2): 195-205.

[99] Antônio Ricardo Mendes Barros, Thaís Salvador Argenta, Clarade Amorim de Carvalho, et al. Effects of the antibiotics trimethoprim (TMP) and sulfamethoxazole (SMX) on granulation, microbiology, and performance of aerobicgranular sludge systems[J]. Chemosphere, 2021, 262: 127840.

[100] Müller E, Schüssler W, Horn H, et al. Aerobic biodegradation of the sulfonamide antibiotic sulfamethoxazole by activated sludge applied as co-substrate and sole carbon and nitrogen source[J]. Chemosphere, 2013, 92 (8): 969-978.

[101] Kassotaki E, Buttiglieri G, Ferrando-Climent L, et al. Enhanced sulfamethoxazole degradation through ammonia oxidizing bacteria cometabolism and fate of transformation products[J]. Water Res, 2016, 94: 111-119.

[102] 林龙利, 刘国光, 张宇, 等. 零价铁法去除水体中萘普生: 作用机制及产物毒性研究[J]. 工业安全与环保, 2016, 42(02): 12-15.

[103] Verlicchi P, Al Aukidy M, Zambello E. Occurrence of pharmaceutical compounds in urban wastewater: Removal, mass load and environmental risk after a secondary treatment—A review[J]. Sci.Total Environ, 2012, 4(2): 123-155.

[104] Tiehm A, Schmidt N, Stieber M, et al. Biodegradation of pharmaceutical compounds and their occurrence in the Jordan Valley[J]. Water Res Manag, 2011, 2(5): 1195-1203.

PPCPs检测方法

2.1 磺胺甲噁唑的检测方法

2.2 萘普生的检测方法

2.3 氰戊菊酯和氯氰菊酯检测方法

2.4 小结

2.1 磺胺甲噁唑的检测方法

磺胺甲噁唑的检测方法[1]主要有高效液相色谱法、薄层色谱法、免疫色谱法及毛细管电泳法等。下面详细介绍高效液相色谱法。

（1）实验仪器设备

1200 高效液相色谱仪（美国 Aglient 公司），配自动进样器；循环水式多用真空泵（上海知信实验仪器技术有限公司）；EYELA 旋转浓缩仪（上海爱郎仪器有限公司）；中佳 SC-3612 低速离心机（安徽中科中佳科学仪器有限公司）；SHA-C 数显水浴恒温振荡器（金坛市江南仪器厂）；KQ-5200 型超声波清洗器（昆山市超声仪器有限公司）；DHG-9070A 型电热鼓风丁燥箱（上海一恒科技有限公司）；PHS-25 酸度计（上海雷磁）；艾科浦 AYJ-100Z-U 超纯水系统。

（2）试剂与药品

磺胺甲噁唑（标准品均购自 Sigma 公司），荧光胺（购自 Alfa Aesar 公司）；甲醇、乙腈、丙酮（HPLC 级，购自 TEDIA 公司）；二氯甲烷（优级纯，购自天津四友公司）；乙酸、盐酸、乙酸钠等（分析纯）；实验用水为超纯水。

（3）标准母液的配制

准确称取 0.0100g 抗生素标准品溶于 10mL 甲醇，配置成 100mg/L 的标准母液，冷藏保存。

（4）试剂的配制

① 0.02%荧光胺丙酮溶液配制：准确称取荧光胺，用丙酮溶解定容至 25mL，冷藏保存。

② 0.6mol/L 乙酸钠溶液配制：准确称取乙酸钠 4.92g，用约 90mL 水溶解，用 1mol/L 盐酸调 pH 值到 3.0，用水定容至 100mL。

（5）检测仪器

荧光检测器，Hypersil ODS 色谱柱（0.46×250mm，5μm），Agilent 化学工作站。

（6）检测条件

本实验选择乙腈和 0.5%乙酸作为流动相，采用梯度洗脱。梯度洗脱条件如下。0min：乙腈/0.5%乙酸=30/70，乙腈乙酸；10min：乙腈/0.5%乙酸=55/45，乙腈乙酸，流速 1mL/min。检测波长 E_x=405nm，E_m=495nm。柱温：30℃。进样体积 20μL。

（7）衍生化方法

采用柱前衍生化处理，向浓缩瓶中准确加入 5mL 0.1mol/L 的盐酸溶解。过 0.45μm 滤头，准确吸取 0.5mL 至进样瓶中，加 0.6mol/L 乙酸钠缓冲溶液（用 1mol/L HCl 调节 pH=3）0.5mL，再加 0.2mL 0.02%荧光胺丙酮溶液。衍生化 30min（水浴 18℃），HPLC 测定。

（8）标准曲线的绘制

将标准品母液用 0.1mol/L 的盐酸稀释，配制成浓度为 0.01mg/L、0.02mg/L、0.05mg/L、0.1mg/L、0.5mg/L 的标准系列溶液，按样品衍生化方法衍生化后 HPLC 测定，绘制标准曲线，相关系数 R^2 均为 1。磺胺甲噁唑线性方程为 y=22.702x+0.00911。

（9）添加回收实验

向 2g 空白样品中分别添加浓度为 0.005mg/L、0.02mg/L、0.1mg/L、1mg/L 的磺胺甲噁唑标准工作溶液，得到 4 种不同浓度标准工作溶液（SAs）的添加回收率。样品中磺胺甲噁唑添加浓度为 2.5～500μg/kg。磺胺甲噁唑的平均回收率为 77.78%～104.35%，相对标准偏差（RSD）为 3.98%～8.01%。该方法对 4 种不同浓度的添加回收率基本都高于 75%，具有较高的准确性。RSD 均小于 10%，具有较高的精密度。

2.2　萘普生的检测方法

萘普生的主要检测方法[2]有滴定法、紫外分光光度法、高效液相色谱法、液相色谱-串联质谱法等。

2.2.1 紫外分光光度法

（1）实验仪器

北京通用 YU-1901 型紫外分光光度计，BP211D 电子天平。

（2）试剂与药品

萘普生对照品（中国药品生物制品检定所），萘普生片（市售品），淀粉（药用），甲醇（分析纯），氢氧化钠溶液（0.1mol/L）。

（3）检测步骤

萘普生在甲醇、乙醇和氯仿中溶解，在水中几乎不溶，根据萘普生的溶解性能，制定两种方法。

① 取萘普生对照品 0.00555g，置于 100mL 容量瓶中，加 10mL 甲醇溶解，振摇 5min，加 0.1mol/L 的 NaOH 溶液至刻度，在 300.0～380.0nm 波长范围内进行扫描，得出吸收图谱。

② 取萘普生对照品 0.00554g，置于 100mL 容量瓶中，加 0.1mol/L 的 NaOH 液至刻度，振摇 5min，在 300.0～380.0nm 波长范围内进行扫描，得出吸收图谱。

精密称取模拟萘普生片内容物适量，混匀，精密称取细粉适量(约相当于萘普生 0.04g)，置于 100mL 容量瓶中，加甲醇适量，振摇 5min，用甲醇定容。滤过，精取续滤液 10mL 两份，分置于 100mL 容量瓶中，用 0.1mol/LNaOH 溶液定容，在 300.0～380.0nm 波长范围内进行扫描，得出吸收图谱，在 330.00nm 波长处测定；另取对照品参照前述方法进行实验，在 330.00nm 波长处测定，用吸收度比值法，得平均回收率为 100.2%，RSD=0.28%，实验次数 n=6。

本法操作简便、快速。待测溶液放置 6h，吸收度不变，方法稳定可靠，便于推广应用。

2.2.2 高效液相色谱法

（1）实验材料

LC-10AT 高效液相色谱仪，SPD-10A 紫外检测器（日本岛津公司）；萘普生对照品（中国药品生物制品检定所，批号 100198-0002）；萘普生片为市售，规格为 0.1g，生产厂家分别为 A：南京白敬宇制药有限责任公司，批号 060208，B：江西华太药业有限公司，批号 060901，C：山东莒南制药厂，批号 060722；甲醇为色谱纯；其他试剂均为分析纯；水为纯化水。

（2）实验方法与结果

① 色谱条件：色谱柱为 C18（SHIMADZU，VP-ODS 150L×4.6μm）；流动相为甲醇：0.01mol/L 磷酸二氢钾（75：25），用磷酸调节 pH=3.0±0.05；流速 1.0mL/min，检测波长 240nm，柱温 30℃，进样量 20μL，理论板数按萘普生峰计算均不低于 5000。

② 对照品溶液制备：精密称取萘普生对照品 4.86mg，置于 100mL 容量瓶中，加甲醇 10mL 使其溶解后，用流动相稀释至刻度，摇匀。

③ 供试品溶液制备：取样品 10 片，精密称定，研细，精密称取约相当于 25mg 萘普生的量，置于 50mL 容量瓶中，加甲醇适量振摇使其溶解，加甲醇至刻度，摇匀，滤过；取续滤液 5mL 置 50mL 容量瓶中，用流动相稀释至刻度，摇匀。

④ 阴性对照溶液制备与干扰试验：按照萘普生片处方比例取辅料（甲醇）适量与供试品溶液同法制备不含萘普生的阴性对照溶液。分别精密吸取对照品溶液、供试品溶液和阴性对照溶液各 20μL，注入液相色谱仪。结果表明，辅料不干扰萘普生含量测定，萘普生保留时间约为 4.5min。

⑤ 线性关系考察：分别精密量取对照品溶液 1.0mL、2.0mL、3.0mL、4.0mL、5.0mL，各置于 10mL 容量瓶中，用流动相稀释至刻度，摇匀。分别精密吸取 20μL 注入液相色谱仪，测定，记录峰面积值，以峰面积（y）对质量浓度（x）进行线性回归，得回归方程：$y=160050x-76560$，$R^2=0.9998$。结果表明，萘普生在 4.9～24.3mg/L 范围内与相应的峰面积呈良好的线性关系。

⑥ 精密度试验：精密吸取对照品溶液 20μL，重复进样 6 次，测定，以萘普生峰面积计，RSD 为 0.99%（$n=6$）。

⑦ 稳定性试验：精密吸取供试品溶液 20μL，分别于 0h、1h、4h、8h、12h 进样，测定，萘普生峰面积的 RSD 为 1.00%（$n=5$）。

⑧ 回收率试验：取约相当于萘普生片处方量的辅料 9 份，各置于 25mL 容量

瓶中，加流动相适量使其溶解，分别精密加入对照品溶液 3.0mL、6.0mL、9.0mL（各 3 份），再加流动相至刻度，摇匀，滤过。分别精密吸取 20μL，注入液相色谱仪，测定峰面积，计算。

样品含量测定取 3 批样品各 10 片，照上文"供试品溶液制备"方法制成供试品溶液。精密量取供试品溶液与对照品溶液各 20μL，进样，测定，以外标法计算样品中萘普生含量。

萘普生片含量测定按《中国药典》（2005 版），采用传统的容量法，取样量大，滴定液配制较为烦琐。建立高效液相色谱法测定萘普生片含量，对萘普生进行微量、快速分析，提高了药品质量标准。HPLC 法测定 3 批萘普生片含量结果与容量法比较，分别经两样本均值的 t 检验，$P>0.05$，表明两种分析方法结果差异无显著性。该方法参照萘普生有关物质检查色谱条件，经试验确定其片剂含量测定色谱条件是可行的。该法准确性好，精密度高，出峰快，峰形好，分析时间短，可作为萘普生片质量控制方法。

2.2.3　液相色谱-串联质谱法

现有报道的萘普生测定方法多用液-液萃取或固相萃取预处理样品，需要的样品量较大，提取过程复杂、费时，有机溶剂消耗量大，样品分析时间长（>10min）且容易受体内物质干扰，不利于生物样品快速高通量的检测。液相色谱-串联质谱法是近年来迅速发展的定量分析技术，由于具有选择性高、灵敏度高、样品处理简单和自动化程度高的特点，日渐成为生物样品中微量物质检测的首选方法。其采用甲醇直接沉淀法去除血清蛋白,样品处理简单快速，待测成分和内标物的回收率较高，且血样需要量少。液相色谱-串联质谱法测定萘普生血药浓度具有准确性好、精密度和灵敏度高、线性关系好、样品处理简便快速等优点，因此为临床血药浓度监测和药物动力学及生物利用度研究提供了新的、简便易行的方法学手段。

2.3　氰戊菊酯和氯氰菊酯检测方法

氰戊菊酯乳油（商品名：速灭杀丁）及氯氰菊酯乳油（商品名：兴棉宝、灭百可）是目前直接施洒的农药，广泛应用于棉花、大豆、果树等农作物及中草药种植过程及储备过程[3]。对氰戊菊酯乳油及氯氰菊酯乳油两种农药的降解研究是必不可少的。本实验采用超声法、Fenton 试剂法、超声联合 Fenton 试剂法降解 2 种农药，并进行方法对比，选出最佳降解方法。为比较 3 种方法的降解效果，本实验采用 HPLC 方法[4]测定了氰戊菊酯乳油及氯氰菊酯乳油降解前后的含量，为实验的下一步研究奠定基础。

2.3.1　实验部分

2.3.1.1　实验仪器及原材料

（1）仪器

Waters 高效液相（HPLC）系统（W2695 泵、W2478DAD 检测器、自动进样器、Empower 化学工作站）；分析天平（ALC-110.4 上海人和科学仪器有限公司）；超声清洗机（JP-030ST 深圳市洁盟公司）；电热恒温水浴锅（DK-80 上海一恒科技有限公司）。

（2）原材料

甲醇（色谱纯，山东禹王试剂有限公司）；自制超纯双蒸水，30%H_2O_2（分析纯，天津市天力化学试剂有限公司），$FeSO_4$（分析纯，天津市福晨化学试剂厂）。

2.3.1.2　供试样品

20%氰戊菊酯乳油（四川国光农化股份有限公司），5%氯氰菊酯乳油（浙江威尔达化工有限公司），内标物：邻苯二酸二丁酯（DBP，标准品，天津市科密欧化学试剂研发中心，纯度99%）。

2.3.1.3　实验方法

（1）标准品溶液的配置

精密称取邻苯二酸二丁酯标准品 0.01g、20%氰戊菊酯乳油 0.1g 溶于 2mL 色谱纯甲醇中记为溶液Ⅰ，从溶液Ⅰ中取 4μL 用色谱级甲醇定容至 10mL 记为溶液Ⅱ，摇匀，从 0.45μm 微孔滤膜过滤，即得标准品溶液，备用[5]。

5%氯氰菊酯乳油标准品溶液配置方法同上。

（2）模拟废水样品溶液的配置

用移液管吸取 2mL 20%氰戊菊酯乳油溶液Ⅰ至 50mL 容量瓶，用甲醇定容记为溶液Ⅱ；用移液管吸取 4mL 溶液Ⅱ中溶液至 100mL 容量瓶，加蒸馏水定容记为溶液Ⅲ，取 10mL 溶液Ⅲ中分别装于若干 25mL 试管中，备用，溶液 HPLC 进样前需用 0.45μm 微孔滤膜滤过[6]。

5%氯氰菊酯乳油模拟废水样品溶液配置方法同上。

（3）色谱条件

色谱柱：Waters Symmetry Shield^{TM} RP$_{18}$（5μm，3.9mm× 150mm）；保护柱：Nova-PakC$_{18}$ Guard-Pak^{TM}；进样量：20μL；流动相：甲醇-水溶液 75∶25；流速：0.8mL/min；柱温：20℃；检测波长 210nm。

（4）标准曲线的绘制

配置邻苯二酸二丁酯（DBP）标准品分别与 20%氰戊菊酯乳油、5%氯氰菊酯乳油混标溶液，分别都稀释成含 DBP 标准品 4μg/mL、2μg/mL、1μg/mL、0.5μg/mL、0.25μg/mL、0.125μg/mL 系列溶液。分别用 0.45μm 微孔滤膜滤过，根据上述色谱条件，分别进样 20μL，以峰面积对应浓度进行线性回归，分别绘制 20%氰戊菊酯乳油、5%氯氰菊酯乳油标准曲线。

（5）方法学考察

精密度实验：分别取已知浓度的氰戊菊酯乳油溶液和氯氰菊酯乳油溶液进行 HPLC 测定，于 1 日内连续测定 5 次，计算氰戊菊酯乳油和氯氰菊酯乳油的日内精密度。每日测定 1 次，连续测定 5 日，计算二者的日间精密度。

重现性实验：取 5 份等体积的氰戊菊酯乳油和氯氰菊酯乳油，按模拟废水样品溶液配置方法配置，进行 HPLC 测定，考察重现性。

（6）样品含量测定

分别精密称取等量氰戊菊酯乳油和氯氰菊酯乳油各 3 份，配置模拟废水样品溶液并处理。按 HPLC 条件进样 20μL，测定峰面积，根据标准曲线回归方程计算模拟废水样品溶液中的氰戊菊酯和氯氰菊酯的含量。

2.3.2　结果与讨论

2.3.2.1　氰戊菊酯标准曲线的绘制

在上述色谱条件下氰戊菊酯的峰值（tR）为 5.276min，峰形良好。将处理好的氰戊菊酯与 6 个不同浓度的 DBP 混合溶液分别进样 20μL 进行分析，得到不同浓度的峰，峰面积积分值见表 2-1，以峰面积积分值对浓度进行线性回归，求出氰戊菊酯标准曲线方程为：$y=565204x+200079$（$R^2=0.9999$，$n=6$）。表明氰戊菊酯在 0.2083～6.5364mg/mL 范围内线性关系良好。氰戊菊酯供试品溶液色谱图及氰戊菊酯乳油与 DBP 标准品溶液色谱图见图 2-1 和图 2-2，氰戊菊酯标准曲线见图 2-3。

表 2-1　不同质量浓度氰戊菊酯峰面积积分值（$n=6$）

氰戊菊酯浓度/(μg/L)	0.2083	0.5637	1.0203	1.8473	3.3225	6.5364
峰面积积分值	323941	493059	777716	1265111	2081337	3888717

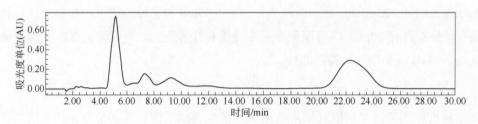

图 2-1　氰戊菊酯供试品溶液色谱图

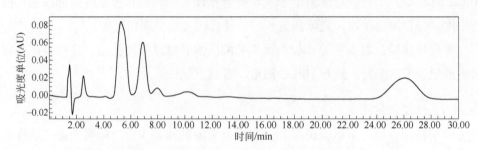

图 2-2　氰戊菊酯乳油混合标准品溶液色谱图

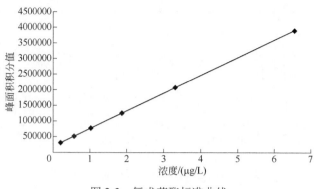

图 2-3　氰戊菊酯标准曲线

2.3.2.2　氯氰菊酯标准曲线的绘制

在上述色谱条件下氯氰菊酯的 tR 为 4.936min，峰形良好。将处理好的氯氰菊酯与 6 个不同浓度的 DBP 混合溶液分别进样 20μL 进行分析，得到不同浓度的峰面积积分值见表 2-2，以峰面积积分值对浓度进行线性回归，求出氯氰菊酯标准曲线方程为：$y=4e^{6x}+207213$（$R^2=0.9998$，$n=6$）。表明氯氰菊酯在 0.1626～4.9175mg/mL 范围内线性关系良好。氯氰菊酯供试品溶液色谱图及氯氰菊酯乳油与 DBP 标准品溶液色谱图见图 2-4 和图 2-5，氯氰菊酯标准曲线见图 2-6。

表 2-2　不同质量浓度氯氰菊酯峰面积（$n=6$）

氯氰菊酯浓度/(μg/L)	0.1626	0.3246	0.6244	1.2345	2.4332	4.9175
峰面积积分值	829206	1570207	2994510	5646316	11088282	21712754

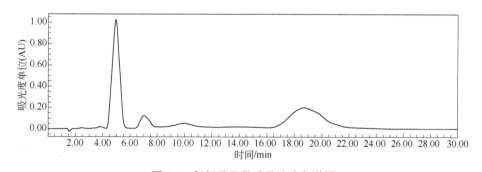

图 2-4　氯氰菊酯供试品溶液色谱图

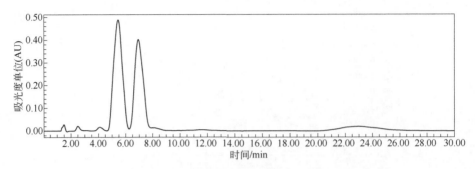

图 2-5　氯氰菊酯乳油混合标准品溶液色谱图

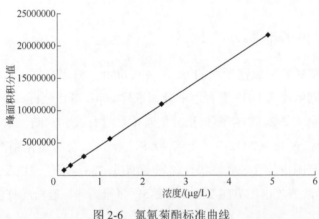

图 2-6　氯氰菊酯标准曲线

2.3.2.3　方法学考察

（1）精密度实验

按上文 2.3.1 中"方法学考察实验"操作，对氰戊菊酯及氯氰菊酯供试品溶液进行日内和日间精度研究，结果见表 2-3 和表 2-4。

氰戊菊酯日内和日间精密度实验的平均峰面积积分值分别为 31504746、36813606，RSD 值分别为 2.94%、4.19%；氯氰菊酯日内和日间精密度实验的平均峰面积积分值分别为 5300226、11276159，RSD 值分别为 2.43%、2.37%。表明本实验方法精密度良好。

表 2-3 氰戊菊酯的日内和日间精密度实验结果

进样量/μL	日内			日间		
	峰面积积分值	平均值	RSD/%	峰面积积分值	平均值	RSD/%
20	30519303	31504746	2.94	37631785	36813606	4.19
	31867209			34310140		
	31137910			38348530		
	31078145			37221493		
	32921165			36556083		

表 2-4 氯氰菊酯的日内和日间精密度实验结果

进样量/μL	日内			日间		
	峰面积积分值	平均值	RSD/%	峰面积积分值	平均值	RSD/%
20	5239879	5300226	2.43	11040731	11276159	2.37
	5223100			11568629		
	5276489			11194911		
	5234415			11550819		
	5527249			11025704		

（2）重现性实验

按上文 2.3.1 中"方法学考察实验"操作，对氰戊菊酯和氯氰菊酯进行重现性研究，结果见表 2-5。

表 2-5 氰戊菊酯、氯氰菊酯供试品溶液重现性实验结果

样品	取样体积/mL	氰戊菊酯			氯氰菊酯		
		含量/μg	平均值/μg	RSD/%	含量/μg	平均值/μg	RSD/%
1	10	19.20	19.26	0.70	12.60	12.60	0.56
2		19.10			12.50		
3		19.40			12.70		
4		19.40			12.60		
5		19.20			12.60		

分别配置氰戊菊酯、氯氰菊酯供试品溶液，考查重现性试验，氰戊菊酯供试品的平均含量为 19.26μg，RSD 值为 0.70%；氯氰菊酯供试品的平均含量为 12.60μg，RSD 值为 0.56%。表明本实验方法的重现性良好。

2.3.2.4　氰戊菊酯和氯氰菊酯含量测定

对氰戊菊酯、氯氰菊酯供试品溶液进行测定，结果见表 2-6。

表 2-6　氰戊菊酯、氯氰菊酯含量测定

样品	取样量/mL	氰戊菊酯含量/%	氯氰菊酯含量/%
1	10	19.20	12.60
2	10	19.10	12.60
3	10	19.20	12.70

通过以上方法对降解后的氰戊菊酯乳油溶液、氯氰菊酯乳油溶液进行含量测定，从而算出降解率，选出最优的实验方案，为后续实验做好充足准备。

2.4　小结

本章综述了磺胺甲噁唑、萘普生、氰戊菊酯和氯氰菊酯目前已有的检测方法。其中，通过 HPLC 方法，验证了对氰戊菊酯、氯氰菊酯模拟废水的含量的实验数据可靠性，制作了标准曲线，线性关系良好，有良好的精密度及重现性，为后续实验进行做足了准备，为降解后氰戊菊酯、氯氰菊酯含量测定提供了依据，奠定了实验基础。

参 考 文 献

[1] Yoon Y, Westerhoff P, Snyder S A, et al. Nanofiltration and ultrafiltration of endocrine disrupting compounds, pharmaceuticals and personal care products[J]. Journal of Membrane Science, 2006, 270(1-2): 88-100.
[2] 陈菊, 王中兰. 紫外分光光度法测定萘普生片的含量[J]. 泸州医学院学报, 2004, 27 (4): 346-347.

[3] 范德林. 拟除虫菊酯类农药在蔬菜中残留及消解动态初步研究[D]. 武汉：华中农业大学, 2006.

[4] 丁海涛, 李顺鹏, 沈标, 等. 拟除虫菊酯类农药残留降解菌的筛选及其生理特性研究[J]. 土壤学报, 2003, 40(1): 123-129.

[5] 李翔, 刘舣阳, 马建丽, 等. HPLC 法测定扁咽口服液中盐酸小聚碱的含量[J]. 中国药事, 2012, 26(11): 1235-1237.

[6] Jiang J, Zhang D H, Zhang W, et al. Preparation, identification, and preliminary application of monoelonal antibody against pyrethroid insecticide fenvalerate[J]. Anal. Lett., 2010, 43(17): 2773-2787.

磺胺甲噁唑处理新技术

3.1 磺胺甲噁唑（SMX）物理处理技术

3.2 磺胺甲噁唑（SMX）化学处理技术

3.3 磺胺甲噁唑生物处理技术

3.4 好氧颗粒污泥技术处理磺胺甲噁唑

3.5 环境因子对好氧颗粒污泥技术处理磺胺甲噁唑影响

3.1 磺胺甲噁唑（SMX）物理处理技术

受抗生素结构和性质的影响，物理吸附[1]是去除抗生素的主要机制之一。如氨苄西林、诺氟沙星、环丙沙星、氧氟沙星、四环素、罗红霉素、甲氧卡胺嘧啶主要通过吸附作用去除，去除率可达80%。本节针对磺胺甲噁唑（SMX）的吸附效能实验研究，利用好氧颗粒污泥吸附磺胺甲噁唑（SMX），进一步量化吸附机制在磺胺甲噁唑（SMX）去除中的贡献。

3.1.1 好氧颗粒污泥对磺胺甲噁唑（SMX）的吸附效能检测

检测步骤如下。

① 从曝气均匀的SBR反应器（图3-1）中取100mL泥水混合物，分别用蒸馏水和PBS缓冲液冲洗颗粒污泥3次，去除附着在颗粒污泥表面的营养物质。

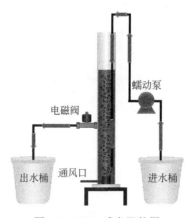

蠕动泵

电磁阀

出水桶　通风口　进水桶

图3-1　SBR反应器装置

② 将清洗好的颗粒污泥放置于高压灭菌锅中进行灭活，灭菌条件为121℃，20min，灭活后的大部分颗粒污泥仍然能够保持原有的颜色和形态。

③ 向灭活后的颗粒污泥中加入100mL浓度为3mg/L的磺胺甲噁唑（SMX）

（pH 值约为 7.3），放入转速为 160r/min，温度为 20℃摇床中，恒温培养 5d。分别在 10min、20min、40min、1h、2h、4h、6h、8h、10h、28h、33h、52h、57h、76h、81h、100h、105h 时用注射器抽取 2mL 水样，经 0.22μm 尼龙膜过滤后保存于−20℃冰箱中待 UPLC 检测。

3.1.2 好氧颗粒污泥对磺胺甲噁唑（SMX）的吸附效能分析

磺胺甲噁唑（SMX）长期存在于反应器中，仅探究一个反应器运行周期内磺胺甲噁唑（SMX）吸附情况不足以完全反映长期实验过程中磺胺甲噁唑（SMX）的吸附情况，因此测定了 5d 内磺胺甲噁唑（SMX）的吸附量。如图 3-2 所示，在吸附开始的前 6h，磺胺甲噁唑（SMX）的浓度由 3mg/L 快速降低至 2.85mg/L；6h 之后，吸附速率减慢，磺胺甲噁唑（SMX）浓度变化也趋于平缓；52h 后吸附基本到达平衡状态，磺胺甲噁唑（SMX）浓度不再继续降低，为 2.85mg/L。在整个吸附检测过程中，磺胺甲噁唑（SMX）浓度下降 0.15mg/L，好氧颗粒污泥对磺胺甲噁唑（SMX）的吸附率仅为 5%。可以判定好氧颗粒污泥对磺胺甲噁唑（SMX）的去除不以吸附作用为主，这与研究活性污泥对磺胺甲噁唑（SMX）的去除以生

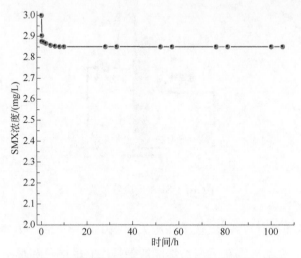

图 3-2　好氧颗粒污泥吸附磺胺甲噁唑（SMX）效能

物降解为主、吸附作用不是磺胺甲噁唑（SMX）的主要去除途径结论是一致的[2]。在好氧颗粒污泥对磺胺甲噁唑（SMX）的降解过程中，吸附作用不是磺胺甲噁唑（SMX）去除的主要途径，但其标志着磺胺甲噁唑（SMX）进入颗粒内部和生物降解的开始。

3.2 磺胺甲噁唑（SMX）化学处理技术

化学法也是处理磺胺类抗生素的有效方法，其中包括光降解法[3]、光催化等方式。

3.2.1 光降解检测

检测步骤如下。

① 分别向 2 个 250mL 锥形瓶中加入 100mL 浓度为 3mg/L 的磺胺甲噁唑（SMX），编号为 1 号、2 号。1 号锥形瓶置于自然光下，2 号锥形瓶用锡纸包裹后置于暗处。

② 在 10min、20min、40min、1h、2h、4h、6h、8h 时，分别从 1 号和 2 号锥形瓶中用注射器抽取 2mL 水样，经 0.22μm 尼龙膜过滤后保存于−20℃冰箱中待 UPLC 检测。

3.2.2 光降解效能分析

光降解效能分析结果如图 3-3 所示，分别在光照和黑暗条件下测量 3mg/L 的磺胺甲噁唑（SMX）在 8h 内的浓度变化。可以看出持续光照 8h 的情况下，磺胺甲噁唑（SMX）浓度几乎没有改变；在黑暗条件下，磺胺甲噁唑（SMX）浓度保持稳定，说明光照和挥发作用对磺胺甲噁唑（SMX）浓度的影响可以忽略。

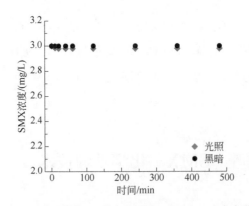

图 3-3 光照条件下磺胺甲噁唑（SMX）浓度变化

3.3 磺胺甲噁唑生物处理技术

3.3.1 好氧生物处理技术

活性污泥中分离出来的菌株对磺胺甲噁唑（SMX）具有很高的降解能力。首先，利用分离出来的菌株，以磺胺甲噁唑（SMX）为单一底物对其进行降解。反硝化无色杆菌（*Achromobacter denitrificans* PR1）对磺胺甲噁唑（SMX）的可降解浓度范围是 600ng/L～150mg/L，而且对于低浓度的 SMX 具有更好的降解效果[4]。利用 PR1 强化活性污泥去除磺胺甲噁唑（SMX），高通量测序结果表明该菌株可以在活性污泥系统中稳定存在，磺胺甲噁唑（SMX）的去除率也明显提高[4]。紫红葡萄球菌（*Rhodococcus rhodochrous*）需要添加其他碳源才能对磺胺甲噁唑（SMX）进行降解[5]。不同的混合菌株体系和纯菌对磺胺甲噁唑（SMX）的降解效果存在较大差异。Larcher 和 Yargeau[6]利用 7 株从活性污泥中获得的菌株人工构建了 2 组混菌体系，结果表明混菌体系对于磺胺甲噁唑（SMX）的降解效率（5%）低于单菌（29%）降解磺胺甲噁唑（SMX）的效率。Bouju等[7]从 MBR 反应器中筛选出 5 株能够降解磺胺甲噁唑（SMX）的单菌，矿化率为 24%～44%。利用这 5 株菌构建的混菌体系对磺胺甲噁唑（SMX）的矿化率为 58.0%±1.3%。

　　探究磺胺甲噁唑（SMX）与其他抗生素共同存在时菌株对磺胺甲噁唑（SMX）的降解效率，结果发现菌株 *Acinetobacter* sp.在 25℃、pH=7 的条件下可将 240mg/L 的磺胺甲噁唑（SMX）完全矿化。Wang 等[8]考察了多种抗生素存在的情况下 *Acinetobacter* sp.对磺胺甲噁唑（SMX）的降解能力，发现当三氯生存在时 *Acinetobacter* sp.对磺胺甲噁唑（SMX）的去除率为 0%。Vasiliadou 等[9]则发现在多种药物同时存在时，混菌体系对磺胺甲噁唑（SMX）的降解效率要高于以磺胺甲噁唑（SMX）为单一底物时的效率。近年来，有研究报道氨氧化细菌（AOB）有助于提高活性污泥对磺胺甲噁唑（SMX）的降解效率。反应器中 AOB 丰度较高时，可以去除 98%的磺胺甲噁唑（SMX），当反应器中存在氨单加氧酶 AMO 的抑制剂（ATU）时，磺胺甲噁唑（SMX）不再降解，由此推测磺胺甲噁唑（SMX）降解可能与氨单加氧酶有关[10]。

3.3.2　厌氧生物处理技术

　　现有报道中，硫化还原菌、产甲烷菌和金属还原菌对磺胺甲噁唑（SMX）存在降解作用。在磺胺甲噁唑（SMX）的初始浓度为 2～10mg/L 的情况下，厌氧生物降解在 10～35d 后去除效率可达 99%以上[11]。Jia 等[12]发现，硫化还原菌在 SO_4^{2-} 含量为 277.4mg/L、温度为 25℃的情况下，8d 内硫化还原菌对初始浓度为 10μg/L 磺胺甲噁唑（SMX）的去除率可达 80%。根据硫化还原菌降解磺胺甲噁唑（SMX）的产物可知，硫化还原菌主要是破坏了磺胺甲噁唑（SMX）结构中的异噁唑环。在沉积物中添加蔗糖和电子受体有利于磺胺甲噁唑（SMX）的降解。此外，还发现无色杆菌属（*Achromobacter*）、短波单胞菌属（*Brevundimonas*）、代尔夫特菌属（*Delftia*）、海源菌属（*Idiomarina*）、假单胞菌属（*Pseudomonas*）、红葡萄球菌属（*Rhodopriellula*）是沉积物中对磺胺甲噁唑（SMX）起降解作用的主要菌属[13]。Martins 等[14]以 0.5mg/L 的环丙沙星、17β-雌二醇和磺胺甲噁唑（SMX）为混合底物在厌氧条件下进行降解，发现磺胺甲噁唑（SMX）的含量在实验前后并无变化。Chen 等[15]利用上流式厌氧污泥床处理含磺胺甲噁唑（SMX）的制药废水，通过逐步调整化学需氧量与硫酸盐的比例可以达到较好的去除效果。厌氧条件下，厌氧生物降解在环境中和实验室规模下均可有效去除初始浓度为 μg/L 或 mg/L 的磺胺甲噁唑（SMX），但对于更低浓度水平的磺胺甲噁唑（SMX）去除效率尚不明确。相对于好氧条件而言，在厌氧条件下筛选菌株需要的时间更长，获得菌株的难度更大。

3.4　好氧颗粒污泥技术处理磺胺甲噁唑

3.4.1　实验部分

磺胺甲噁唑（SMX）在水环境中被频繁检出，说明其在自然环境中已经广泛分布。污水处理厂处理是去除水体中此类污染的关键环节，但传统污水处理工艺对此类污染的去除能力有限。好氧颗粒污泥技术在去除磺胺类抗生素领域有一定研究基础，且易与现有污水处理工艺结合。然而，对于含磺胺甲噁唑（SMX）污水中好氧颗粒污泥的形成情况、污泥理化指标、常规污染物去除效能等方面尚无定论。

本节研究采用污水处理厂二沉池污泥作为接种污泥，分别投加到 2 个规格完全相同的 SBR 反应器中，并控制 2 个反应器中初始污泥浓度相同。R1 反应器的进水中含有 5μg/L 的磺胺甲噁唑（SMX），在好氧颗粒污泥培养过程中同步降解磺胺甲噁唑（SMX），探究污泥颗粒化过程中磺胺甲噁唑（SMX）的去除效果，并与 R2 中正常形成的颗粒污泥进行比较，分析磺胺甲噁唑（SMX）对好氧颗粒污泥形成的影响。R2 反应器与 R1 保持相同的运行条件，启动时进水中不含有磺胺甲噁唑（SMX）。R2 中颗粒培养成熟后，进水中添加磺胺甲噁唑（SMX），对成熟好氧颗粒污泥降解磺胺甲噁唑（SMX）效能进行研究。本实验旨在阐释磺胺甲噁唑（SMX）对好氧颗粒污泥形成机制的具体影响，解析好氧颗粒污泥对磺胺甲噁唑（SMX）的生物降解能力。SBR 反应器见图 3-4。

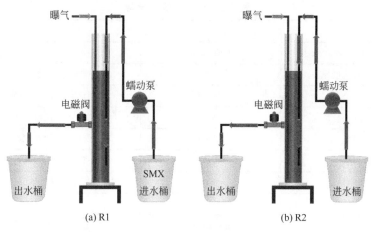

(a) R1　　　　　　　　　　　　　(b) R2

图 3-4　SBR 反应器

3.4.2　原材料和仪器

本节实验使用的主要药品列于表 3-1，所用仪器设备如表 3-2 所列。

表 3-1　实验用主要药品

名称	厂家	纯度等级
无水乙酸钠	西陇科学股份有限公司	分析纯
葡萄糖	西陇科学股份有限公司	分析纯
无水氯化钙	西陇科学股份有限公司	分析纯
甲醇	北京迪科马科技有限公司	色谱纯
乙酸乙酯	北京迪科马科技有限公司	色谱纯
硫酸镁	西陇科学股份有限公司	分析纯
氯化铵	西陇科学股份有限公司	分析纯
碳酸氢钠	西陇科学股份有限公司	分析纯
磷酸二氢钾	西陇科学股份有限公司	分析纯
酒石酸钾钠	国药化学试剂有限公司	分析纯
乙二胺四乙酸	天津市科密欧化学试剂有限公司	分析纯

表 3-2　实验用仪器设备

名称	型号	厂家
COD 消解仪	DRB2000	美国哈希
紫外分光光度计	T6	北京普析通用仪器有限责任公司
常温离心机	H205OR-1	湖南湘仪实验室仪器开发有限公司
低温离心机	3K15	SIGMA
旋转蒸发仪	R-205	上海申胜生物技术有限公司
氮吹仪	PGC-01D	北京腾云博海科技有限公司
扫描电子显微镜	Sigma 500	ZEISS
恒温水浴锅		
超纯水仪	Master touch-S15UF	上海和泰仪器有限公司
pH 测定仪	DELTA320A	梅特勒-托利多仪器有限公司
溶解氧测定仪	HQ30d	美国哈希公司
激光粒度	MasterSizer 2000	英国马尔文公司
总氮分析测定仪	Formacs SERIES	荷兰 alar
超高效液相色谱仪	RoHS(PDA 检测器)	Waters
真空干燥箱	DZF-6030B	上海恒一仪器有限公司
电热恒温鼓风干燥箱	DH-9053A	上海益恒实验仪器有限公司
光学显微镜	DM500	LEICA
蠕动泵	BJ100-2J	保定兰格恒流泵有限公司
曝气泵	ACO-388D	广东海利集团有限公司
漩涡混合器	SI-T256	Scientific Industries
全自动压力蒸汽灭菌锅	8037-SGS	长春百奥生物仪器有限公司
固相萃取柱	Oasis®HLB6cc/500mg	Waters

3.4.3　结果和讨论

3.4.3.1　好氧颗粒污泥培养过程

（1）污泥特性变化

在反应器长期运行过程中记录了不同时期好氧颗粒污泥的形态，如图 3-5 所示（彩色版见书后）。接种污泥颜色呈暗灰色，无规则形状，结构松散，以絮体形态存在。随着反应器的运行，污泥形态和颜色发生明显变化。污泥培养至第 17 天时，由原来的絮状变为细密的颗粒状，颜色变为浅灰色。根据好氧颗粒污泥形成机理中的晶核假说推测，在这个阶段好氧颗粒污泥的内部晶核初步形成[16]。随后，颗粒逐渐增大，污泥沉降性转好，污泥指数 SVI_{30} 降低。在水力剪切力不断打磨下，污泥由细小的颗粒状变为形状规则、表面光滑、边缘清晰的颗粒，此时污泥颜色由原来的浅灰色变成黄色。在好氧颗粒污泥形成过程中，2 个反应器中污泥形态及颜色变化一致，在 R1 中也形成了好氧颗粒污泥，这说明磺胺甲噁唑（SMX）不会抑制颗粒形成。

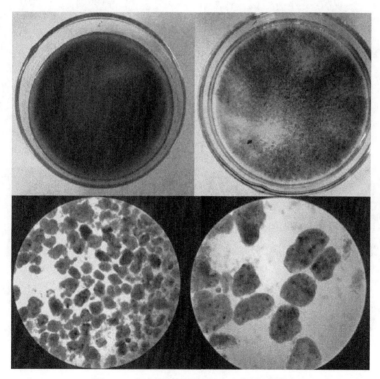

图 3-5　好氧颗粒污泥形态和颜色变化

图 3-6 是由 Sigma 500 型扫描电子显微镜拍摄的颗粒污泥内部结构图。这是培养至第 60 天的颗粒污泥，在放大 10000 倍后可以看出颗粒中存在很多杆状菌和球状菌，且表面有丝状菌包裹。

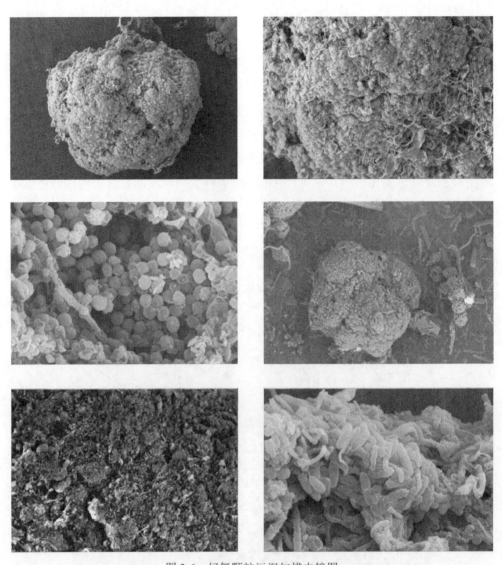

图 3-6　好氧颗粒污泥扫描电镜图

（2）污泥沉降性及粒径分布

污泥接种时浓度为 6700mg/L，在反应器运行过程中选择压力不断升高，沉降时间由 30min 逐渐降低到 1min，沉降性能差的污泥在这个过程中被淘汰，污泥浓度降低。在反应器运行一段时间后，颗粒污泥晶核形成，颗粒化进程开始，絮状污泥不断附着在晶核上，污泥粒径增大速度变快。反应器运行至第 40 天时，污泥 SVI 值稳定在 10 以下，反应器内污泥浓度升高。颗粒污泥的 SVI_{30} 和混合液悬浮固体浓度（MLSS）变化情况如图 3-7 和图 3-8 所示。

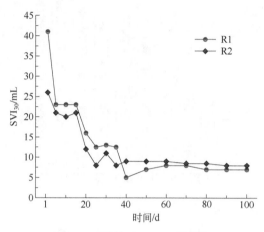

图 3-7　颗粒污泥 SVI_{30} 的变化

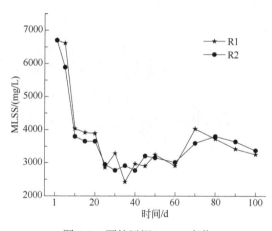

图 3-8　颗粒污泥 MLSS 变化

　　为了考察磺胺甲噁唑（SMX）对好氧颗粒污泥粒径的影响，每 5d 测定一次污泥粒径。分别以中位粒径 $d_{0.5}$ 和平均体积粒径 $D[4, 3]$ 来表征污泥粒径变化情况，见图 3-9 和图 3-10。

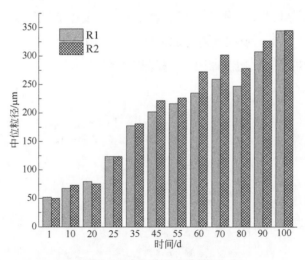

图 3-9　中位粒径变化情况

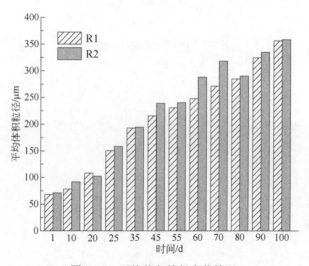

图 3-10　平均体积粒径变化情况

在前 20d，好氧颗粒污泥粒径增长缓慢。在第 35 天好氧颗粒污泥粒径已经达到 200μm，可以认为颗粒基本形成[17]。随着反应器运行时间的加长，磺胺甲噁唑（SMX）对好氧颗粒污泥粒径的影响逐渐凸显。$D[4, 3]$和 $d_{0.5}$ 均显示 R1 中形成的好氧颗粒污泥粒径小于 R2 中形成的好氧颗粒污泥粒径，这表明低浓度下的磺胺甲噁唑（SMX）虽然不会阻止污泥颗粒形成，但会减慢污泥颗粒粒径的增长速度。

3.4.3.2 常规污染物去除效能比较分析

（1）COD 去除

本实验还长期监测了进出水中常规污染物的浓度变化情况，如图 3-11 所示。根据周期设置，反应器每天进水总量为 8L，进水桶容量为 20L，每 2d 配置一次进水。反应器运行前期每 3d 据测定一次 COD 等指标，随着反应器运行逐渐稳定，每 5d 测定一次进出水指标。配制过程中存在误差，因此进水 COD 浓度存在波动。在 2 组反应器启动初期，出水中 COD 浓度波动都较大，而且偶尔会接近或高于《城镇污水厂污染物排放标准》（GB 18918—2002）中的一级出水标准。随着反应器的运行，污泥中的微生物不断生长和聚集，对于 COD 的去除逐渐稳定，出水 COD 浓度满足国家一级出水标准，去除率长期稳定在 87%以上。值得注意的是，R1 和 R2 对于 COD 的去除趋势大致相同，这说明 5μg/L 的磺胺甲噁唑（SMX）对于污泥颗粒化过程中 COD 等常规污染物的去除效能几乎没有影响。

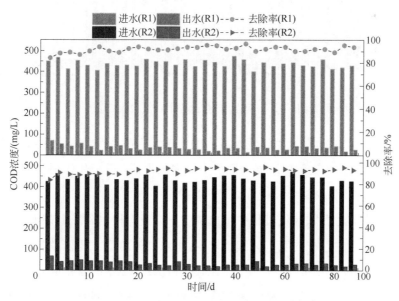

图 3-11　污泥颗粒化过程中 COD 去除效能

（2）氨氮的去除和转化

反应器进水中氮素主要由氨氮提供，因此进水中总氮与氨氮含量相差不大。与 COD 去除情况类似，在反应器刚启动的前几天，总氮去除率波动较大（图 3-12），当反应器运行到第 52 天，出水中总氮浓度开始逐渐降低，这是由于颗粒污泥粒径逐渐变大，内部微生物种类更加丰富、数量增多，因此总氮去除效率不断提高。

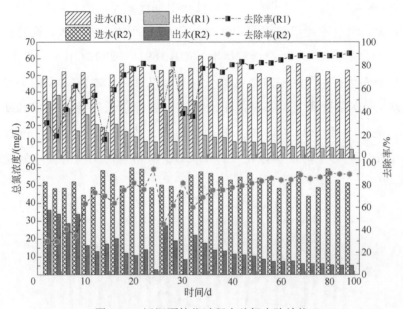

图 3-12　污泥颗粒化过程中总氮去除效能

图 3-13 显示出硝态氮积累逐渐减少的情况，特别是颗粒污泥形成之后，随着粒径的不断增大，好氧颗粒污泥内部的厌氧内核形成，反硝化作用效果逐渐凸显，硝态氮的积累量明显减少。

两组反应器污泥颗粒化过程中，出水中一直没有检测到亚硝态氮，初步推测该阶段污泥体系中存在的氨氧化细菌较少，出水中的总氮主要以硝态氮形式存在。根据图 3-12～图 3-14 所显示的情况，比较分析 R1、R2 中的氮素去除和转化结果，两组进出水中总氮、氨氮和硝态氮浓度差别较小，变化趋势相对一致，可以说磺胺甲噁唑（SMX）对于氨氮去除和转化过程几乎没有影响。

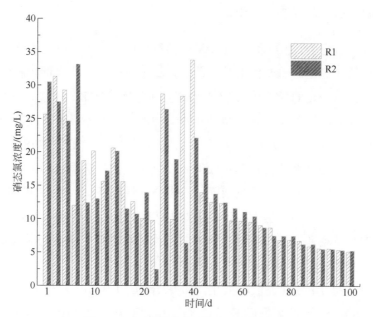

图 3-13　污泥颗粒化过程中硝态氮积累

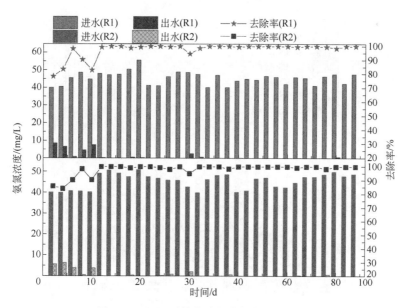

图 3-14　污泥颗粒化过程中氨氮去除效能

3.4.3.3 胞外聚合物（EPS）含量

在现有的报道中，胞外聚合物(EPS)在颗粒形成过程中具有促进细胞黏附聚集和维持颗粒结构稳定的重要作用[18]。此外，EPS 还可以防止有毒物质对细胞的危害，对颗粒具有一定的保护作用[19]。含磺胺甲噁唑（SMX）污水具有生物毒性，会抑制微生物活性因此减弱微生物对其的降解能力。在外界条件变化的情况下，EPS 分泌量会发生变化。例如，温度会影响 EPS 分泌，温度越高 EPS 分泌量越大，反之越低[20]。将磺胺嘧啶投加到负载纳米二氧化钛的好氧颗粒污泥体系中，观察到好氧颗粒污泥表面产生大量死细胞，EPS 分泌量降低[21]。磺胺甲噁唑（SMX）的存在导致 R1 中形成的污泥粒径比在 R2 中形成的污泥粒径小，这可能是磺胺甲噁唑（SMX）导致了 EPS 分泌减少，本节讨论了在磺胺甲噁唑（SMX）存在的条件下污泥颗粒化过程中 EPS 浓度变化规律。

本节研究每 7d 分别提取松散型胞外聚合物（LB-EPS）和紧密型胞外聚合物（TB-EPS），结果以数据图的形式展示出来（图 3-15 和图 3-16）。首先，对 LB-EPS 浓度变化结果进行探讨。从时间上看，反应器运行之初，R1 和 R2 的

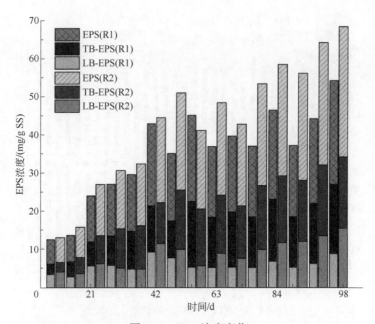

图 3-15　EPS 浓度变化

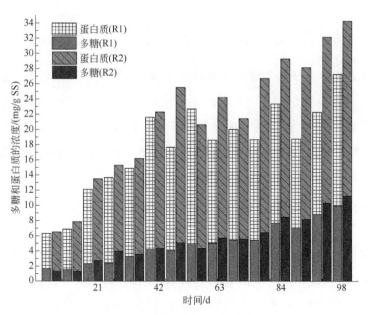

图 3-16　多糖和蛋白质浓度变化

LB-EPS 浓度差别较小，在第 21 天和第 28 天时，R1 中的 LB-EPS 略高于 R2。此外，R1 的 LB-EPS 浓度一直低于 R2，且时间越长二者差距越大，在第 91 天二者差距最大，达到 7mg/g SS。也就是说，有磺胺甲噁唑（SMX）存在的情况下，LB-EPS 浓度会受到影响，磺胺甲噁唑（SMX）在体系中存在时间越长这种影响越显著。

TB-EPS 也受到磺胺甲噁唑（SMX）影响，呈现出 R1<R2 的趋势。与 LB-EPS 相比，二者浓度 TB-EPS 相差较小，最大时不超过 3mg/g SS，但两组反应器中 LB-EPS 浓度最大相差 7mg/g SS。这说明磺胺甲噁唑（SMX）对 LB-EPS 和 TB-EPS 均存在影响，而且对 LB-EPS 影响更显著。在好氧颗粒污泥体系中，能够分泌 EPS 的微生物并不多，而磺胺甲噁唑（SMX）的添加导致 EPS 浓度降低，推测磺胺甲噁唑（SMX）可能对能够分泌 EPS 的微生物具有一定的抑制作用。EPS 自身具有黏性，这不仅有利于细胞聚集，还能够促进微生物与颗粒物的连接[22]。因此推测在 R1 中，由于磺胺甲噁唑（SMX）长期存在，微生物的 EPS 分泌量减少，颗粒中微生物的黏附作用变小，颗粒增长速度较慢，导致 R1 中形成的好氧颗粒污泥粒径一直小于 R2。

3.4.3.4 好氧颗粒污泥形成过程中磺胺甲噁唑（SMX）去除效能分析

好氧颗粒污泥与磺胺甲噁唑（SMX）之间存在相互作用，低浓度的磺胺甲噁唑（SMX）在 EPS 含量等方面对颗粒化过程中的污泥存在影响。以往很多报道只关注了去除率，事实上仅仅关注去除率并不能完全体现去除情况。应用磺胺甲噁唑（SMX）的去除负荷（removal loading rate）作为分析参数，更能够体现单位质量的好氧颗粒污泥在单位时间内去除磺胺甲噁唑（SMX）的量。用去除负荷描述磺胺甲噁唑（SMX）的降解情况可以进一步量化好氧颗粒污泥对磺胺甲噁唑（SMX）的降解能力，便于不同研究中去除效果的比较分析。

在好氧颗粒污泥培养过程中，每 5d 收集一次反应器的出水，用于检测磺胺甲噁唑（SMX）浓度，从图 3-17 中可以看出，第 1～第 150 天为 R1 中磺胺甲噁唑（SMX）的去除情况。首先，从去除率角度进行分析，由于磺胺甲噁唑（SMX）去除率波动较大，因此将好氧颗粒污泥对磺胺甲噁唑（SMX）的降解情况分为几个阶段来分析。

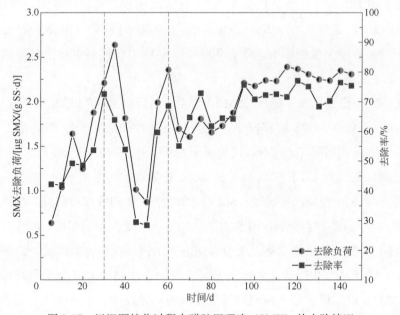

图 3-17　污泥颗粒化过程中磺胺甲噁唑（SMX）的去除情况

第 1 阶段：前 30d，去除率逐渐上升，这说明在污泥颗粒化过程中对磺胺甲噁唑（SMX）有降解作用的微生物在好氧颗粒污泥体系中逐渐增加。

第 2 阶段：35～50d，去除率开始下降，50d 时去除率最低为 28.37%，低于整个体系最初对磺胺甲噁唑（SMX）的去除效率。

第 3 阶段：60～150d，去除率快速恢复并保持在 60% 以上。

去除负荷和去除率的变化趋势基本一致。在前 35d 中，污泥对 SMX 的去除负荷逐渐增大，从最初的 0.64μg SMX/(g SS·d) 上升至 2.6μg SMX/(g SS·d)。在第 40 天时，去除负荷急剧下降，第 50 天时的去除量最低 [0.88μg SMX/(g SS·d)]。随后去除量逐渐恢复，在第 60 天之后，去除负荷稳定保持在 1.6μg SMX/(g SS·d) 以上。

结合反应器中污泥浓度变化，在第 30～50 天导致去除效果变差的原因可能是在反应器运行之初，选择压力的不断升高导致体系内性能差的污泥被淘汰，污泥浓度下降。在被淘汰的污泥中可能包含对磺胺甲噁唑（SMX）有降解作用的菌群，菌群大量流失，影响了好氧颗粒污泥体系对于磺胺甲噁唑（SMX）的降解能力。微生物体系变化带来的影响并没有同步反映在宏观的去除率上，造成去除率先上升后下降的趋势。在第 60～150 天，去除效果明显变好，且长期保持稳定，可以说在颗粒形成后体系中有降解能力的菌群含量升高甚至有可能成为体系中的优势菌。

从第 105 天开始，R2 进水中添加 5μg/L 的磺胺甲噁唑（SMX），R2 中含有已经成熟的好氧颗粒污泥，而且对常规污染物的去除效果长期稳定在较高水平。通常，磺胺甲噁唑（SMX）的存在会影响好氧颗粒污泥形成过程中 LB-EPS 的含量。在 R2 中加入磺胺甲噁唑（SMX）后，发现 EPS 浓度没有受到影响，这与好氧颗粒污泥形成后 EPS 含量趋于稳定有关[23]。添加磺胺甲噁唑（SMX）后，R2 对 COD、氨氮和总氮等常规污染物的平均去除率均在 90% 以上，说明磺胺甲噁唑（SMX）的存在并未影响好氧颗粒污泥对常规污染物的去除效果。常规污染物的去除情况见表 3-3。

比较 R1 和 R2 中磺胺甲噁唑（SMX）的去除情况，结果见图 3-18。

在磺胺甲噁唑（SMX）添加之初，R2 对于磺胺甲噁唑（SMX）的去除率就比较高（69.55%）。R1 中的污泥在颗粒形之后去除负荷保持在 1.6μg SMX/(g SS·d)

表 3-3　R2 加磺胺甲噁唑（SMX）后对常规污染物的去除

测定指标	进水均值/(mg/L)	出水均值/(mg/L)	平均去除率/%
COD	428.8	31.66	92.61
氨氮	44.94	0.16	99.65
总氮	50.34	5.67	88.71

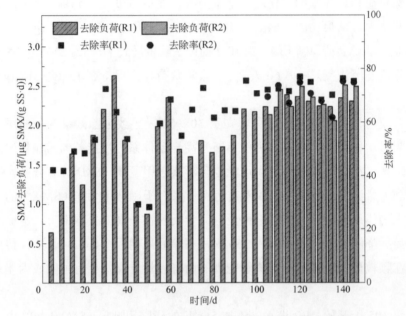

图 3-18　R1 和 R2 反应器中磺胺甲噁唑（SMX）的去除情况

以上，R2 中成熟的好氧颗粒污泥对磺胺甲噁唑（SMX）的去除负荷始终高于 2.05μg SMX/(g SS·d)。也就是说，即使在颗粒化过程中没有 SMX 带来的压力，好氧颗粒污泥对磺胺甲噁唑（SMX）仍然有着较高的去除效率。这体现了好氧颗粒污泥抗冲击能力强的优势。众所周知高生物量浓度是好氧颗粒污泥的优势之一，根据 R1 和 R2 对于相同浓度的磺胺甲噁唑（SMX）的去除效果，推测成熟的好氧颗粒污泥中存在着可以降解磺胺甲噁唑（SMX）的微生物，而且这些微生物的含量要高于其颗粒化过程中的含量。根据 R1 中去除率逐渐上升、R2 的去除率一直较高的情况，可知对磺胺甲噁唑（SMX）有降解作用的微生物可能会在颗粒化过程中被逐渐富集，而且可以在颗粒形成之后作为优势物种稳定存在。对于整个降解过程中 R1 和 R2 中微生物群落结构变化情况的分析见本书第 4 章。

3.4.4　小结

在 R1 和 R2 两个规格相同的反应器中培养好氧颗粒污泥，R1 进水中含有 5μg/L 的磺胺甲噁唑（SMX），R2 不含磺胺甲噁唑（SMX）。除此之外，2 组反应器运行及其他条件完全一致。在整个培养过程中，比较分析 R1 和 R2 在常规污染物的去除、EPS 浓度、颗粒形成速度等方面的实验结果，得到了好氧污泥颗粒化过程中污泥与磺胺甲噁唑（SMX）的相互作用关系，同时判定了好氧污泥颗粒化过程中的污泥和已形成的好氧颗粒污泥对于磺胺甲噁唑（SMX）的去除效能。

① 污泥培养至第 35 天时，2 组反应器内均形成了好氧颗粒污泥，从外形和颜色上来看几乎没有差别。在长期培养过程中，R1 反应器内所形成的颗粒粒径一直小于 R2 中的污泥颗粒粒径，可以确定磺胺甲噁唑（SMX）会减慢污泥颗粒增长速度。

② 在整个污泥颗粒化过程中，R1 和 R2 对 COD、氨氮等常规污染物的去除效能相差不大，可以确定 5μg/L 的磺胺甲噁唑（SMX）对于污泥颗粒化过程中污染物去除能力几乎没有影响。

③ 比较污泥颗粒化过程中 R1 和 R2 中 EPS 浓度可知，磺胺甲噁唑（SMX）存在的情况下 EPS 分泌量会减少，其中 LB-EPS 浓度受磺胺甲噁唑（SMX）影响更大，而且时间越长这种影响越明显。

④ 从磺胺甲噁唑（SMX）去除情况分析，研究前期 R1 对磺胺甲噁唑（SMX）的去除效果波动较大，去除率和去除负荷变化趋势一致，经历了先上升、后下降、最后恢复的变化过程。

⑤ 反应器运行至第 105 天向 R2 进水中添加磺胺甲噁唑（SMX），并未影响常规污染物去除效果，且对磺胺甲噁唑（SMX）去除率保持在 70%～75.9%之间，去除负荷始终高于 2.05μg SMX/(g SS·d)。因此，成熟好氧颗粒污泥对磺胺甲噁唑（SMX）的去除效果好，且能在长时间内保持稳定。

3.5　环境因子对好氧颗粒污泥技术处理磺胺甲噁唑影响

3.5.1　实验部分

　　大量研究证实了抗生素的去除机制主要是生物降解，且成熟的好氧颗粒污泥对磺胺甲噁唑（SMX）具有良好的降解效果。本实验目的在于判定不同好氧颗粒污泥的影响因素对磺胺甲噁唑（SMX）去除效果的影响程度，确定SMX初始浓度、进水有机负荷（COD）、溶解氧（DO）浓度等因素对于提高好氧颗粒污泥降解 SMX 的效率的影响。成熟的好氧颗粒污泥结构及内部反应如图 3-19 所示。

图 3-19　好氧颗粒污泥结构及内部反应示意

　　（1）COD 浓度变化对好氧颗粒污泥去除磺胺甲噁唑（SMX）的影响

　　考察有机负荷条件的改变对好氧颗粒污泥降解磺胺甲噁唑（SMX）的影响，在 SBR 反应器稳定运行、进水磺胺甲噁唑（SMX）浓度为 5μg/L 时，设置 4 个 COD 浓度梯度，分别为 200mg/L、400mg/L、600mg/L 和 800mg/L。反应器在每个浓度条件下持续运行 7d，定期检测出水的磺胺甲噁唑（SMX）浓度，连续监测进出水中各项水质指标。

　　（2）DO 浓度变化对好氧颗粒污泥去除磺胺甲噁唑（SMX）的影响

　　反应器稳定运行，进水磺胺甲噁唑（SMX）浓度为 5μg/L，COD 浓度为 400～

500mg/L，氨氮浓度为 40～50mg/L。通过调节曝气量改变反应器中 DO 浓度，用哈希 HQ30d 型便携式溶解氧测定仪定期检测反应器内 DO 情况。设置 3 个 DO 浓度梯度，分别为 8mg/L、6mg/L 和 4mg/L。反应器在每个浓度条件下持续运行 9d，定期检测出水的磺胺甲噁唑（SMX）浓度，检测各 DO 浓度梯度下的水质及污泥指标，观察污泥形态变化。

（3）磺胺甲噁唑（SMX）初始浓度变化对好氧颗粒污泥去除磺胺甲噁唑（SMX）的影响

考察 SMX 初始浓度的变化对好氧颗粒污泥降解磺胺甲噁唑（SMX）效能的影响，在 SBR 反应器稳定运行、进水氨氮浓度为 40～50mg/L、COD 浓度为 400～500mg/L、DO 浓度为 8mg/L 的条件下，设置 6 个磺胺甲噁唑（SMX）初始浓度梯度，分别为 5μg/L、500μg/L、1000μg/L、2000μg/L、3000μg/L 和 4000μg/L。SBR 反应器在每个浓度条件下持续运行 9d，定期检测出水的磺胺甲噁唑（SMX）浓度、COD 浓度、氨氮浓度、亚硝态氮浓度、好氧颗粒污泥性质和胞外聚合物（EPS）含量等指标。

3.5.2　结果和讨论

本实验是在好氧颗粒污泥已成功培养的基础上进行的，以下是实验开始之前好氧颗粒污泥在污染物去除等方面的相关情况。所使用的好氧颗粒污泥对 COD、氨氮和总氮的去除效果如表 3-4 所列。好氧颗粒污泥的颗粒呈淡黄色，表面光滑，EPS 含量在 30mg/g SS 左右，平均体积粒径 $D[4, 3]$ 为 659.987mm，反应器内 MLSS 为 2795mg/L。

表 3-4　好氧颗粒污泥对污染物去除情况

水质指标	进水均值/(mg/L)	出水均值/(mg/L)	平均去除率/%
COD	455	22	94.9
氨氮	43	2	95.3
总氮	47	4	91.4

3.5.2.1　进水中磺胺甲噁唑（SMX）含量对好氧颗粒污泥降解磺胺甲噁唑（SMX）的影响

（1）常规污染去除效能

图 3-20 为磺胺甲噁唑（SMX）浓度从 5μg/L 逐渐上升至 4000μg/L 的过程中，COD 的去除情况。当进水中磺胺甲噁唑（SMX）浓度从 5μg/L 上升至 500μg/L 时，反应器出水中 COD 浓度从原来的 13.66mg/L 变为 27.29mg/L，去除效率产生明显波动。但这种波动并未长时间存在，且始终满足一级出水标准，在 3d 之后出水中 COD 浓度为 11.85mg/L，在 6d 之后出水中 COD 浓度为 13.98mg/L，已经基本恢复至原来水平。以磺胺甲噁唑（SMX）浓度变化点为分界线，可以看到前 3 个阶段 COD 去除率的变化都是先下降后上升的趋势。可以说在磺胺甲噁唑（SMX）对系统冲击不断增大的情况下，好氧颗粒污泥对 COD 的去除效果会产生短暂波动，但可以很快恢复，这也体现了好氧颗粒污泥耐冲击能力强的特性。当进水中磺胺甲噁唑（SMX）浓度持续增加到 3000μg/L 时，出水水质受到明显影响，COD 浓度达到 57.92mg/L，去除效果没有在短期内恢复。磺胺甲噁唑（SMX）浓度增

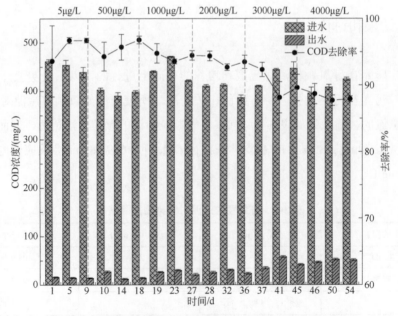

图 3-20　不同磺胺甲噁唑（SMX）浓度下 COD 的去除情况

加对更多的微生物产生毒害作用，导致去除效果不能快速恢复。现有报道指出，高浓度抗生素进入好氧颗粒污泥系统内，COD等指标的去除效果在反应器连续运行40d左右恢复[24]。这说明，磺胺甲噁唑（SMX）浓度越大，对好氧颗粒污泥系统影响越持久，去除效果需要越长时间恢复。

在1～36d的氨氮检测过程中（见图3-21），氨氮去除率始终保持在95%以上。当磺胺甲噁唑（SMX）浓度提高至3000μg/L，出水中氨氮浓度变为5.12mg/L，这时磺胺甲噁唑（SMX）对微生物的抑制作用开始变大。在整个磺胺甲噁唑（SMX）浓度升高过程中，出水中始终没有检测到硝态氮积累。在磺胺甲噁唑（SMX）浓度升高到500μg/L之前，反应器中没有亚硝态氮积累。这意味着此时好氧颗粒污泥系统内存在同步硝化反硝化过程。图3-22中第14天开始，亚硝态氮积累量逐渐增加。磺胺甲噁唑（SMX）浓度由3000μg/L增加到4000μg/L时，亚硝态氮浓度明显上升。说明磺胺甲噁唑（SMX）浓度升高后对氨氧化过程存在一定影响，且磺胺甲噁唑（SMX）浓度越高，影响越明显。推测原因是高浓度的磺胺甲噁唑（SMX）会对AOB和NOB产生抑制。磺胺甲噁唑（SMX）浓度的增加

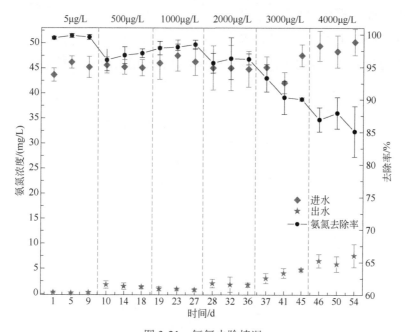

图3-21　氨氮去除情况

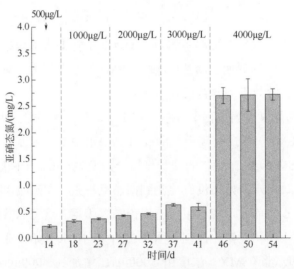

图 3-22　亚硝态氮积累情况

对 NOB 的影响要大于 AOB，与 NOB 比 AOB 对外界环境变化更加敏感的研究结果一致[25]。

（2）污泥性质及 EPS 浓度变化

在磺胺甲噁唑（SMX）浓度变化过程中，颗粒污泥外观没有发生明显变化，对成熟的好氧颗粒污泥的粒径增长不再具有抑制作用。从图 3-23 颗粒污泥粒径变

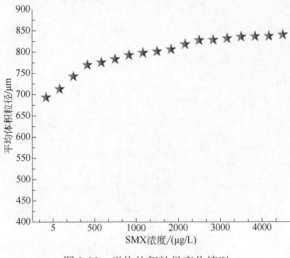

图 3-23　平均体积粒径变化情况

化趋势上就可以看出这个结果：磺胺甲噁唑（SMX）浓度从 5μg/L 增加到 1000μg/L，好氧颗粒污泥粒径增长较明显，当磺胺甲噁唑（SMX）浓度继续升高，粒径增长速度变得缓慢。

在磺胺甲噁唑（SMX）浓度提高的前 4 个阶段，随着好氧颗粒污泥粒径的增大，EPS 浓度不断增加。磺胺甲噁唑（SMX）浓度从 5μg/L 增加到 1000μg/L，EPS含量升高了 11.83mg/g SS。磺胺甲噁唑（SMX）浓度从 1000μg/L 增加到 2000μg/L，EPS 含量升高了 6.32mg/g SS。当磺胺甲噁唑（SMX）浓度提高至 3000μg/L 时，EPS 含量的增加开始减少。磺胺甲噁唑（SMX）浓度从 3000μg/L 增加到 4000μg/L，EPS 含量几乎没有变化。EPS 浓度变化趋势见图 3-24。

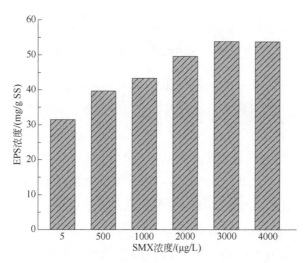

图 3-24　不同磺胺甲噁唑（SMX）浓度下 EPS 浓度变化

（3）磺胺甲噁唑（SMX）去除效能分析

磺胺甲噁唑（SMX）浓度从 500μg/L 提高到 4000μg/L，好氧颗粒污泥对磺胺甲噁唑（SMX）的去除情况差别较大，见图 3-25。

磺胺甲噁唑（SMX）去除负荷和去除率的变化趋势有很大差别。

从去除率的角度分析，在磺胺甲噁唑（SMX）浓度上升的前 3 个阶段，去除率变化相对平稳。当浓度升高到 2000μg/L 时，去除率从 92.39% 下降到 83.84%，但又随即恢复。当磺胺甲噁唑（SMX）浓度继续提高，去除率持续下降，短时间内没有呈现出恢复趋势。这是因为在该浓度下，大部分微生物的活性受到抑制，

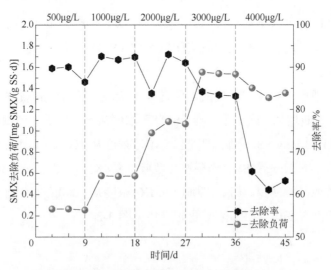

图 3-25 磺胺甲噁唑（SMX）降解情况

短时间内无法恢复至原有的去除效果。说明在一定浓度范围内，磺胺甲噁唑（SMX）浓度越大，好氧颗粒污泥对其降解效果越好，当浓度超过这个范围去除效果就会受到影响。

从去除负荷的角度分析，当磺胺甲噁唑（SMX）浓度从 500μg/L 升高到 4000μg/L 时，进水中 SMX 负荷从 0.34mg SMX/(g SS·d)增加到 2.67mg SMX/(g SS·d)。与去除率的变化相比，去除负荷在前 3 个阶段持续增加。当进水中磺胺甲噁唑（SMX）浓度从 500μg/L 上升到 1000μg/L 时，去除负荷从 0.26mg SMX/(g SS·d)增加到 0.58mg SMX/(g SS·d)。浓度升高对去除效果并未产生影响，而且在磺胺甲噁唑（SMX）压力增大的情况下，微生物对磺胺甲噁唑（SMX）的降解能力逐渐提高。因为随着反应器内的 SMX 越来越多，能够利用其生长繁殖的微生物逐渐成为好氧颗粒污泥体系中的优势菌。当浓度升高到 2000μg/L [1.34mg SMX/(g SS·d)] 时，去除负荷为 0.98mg SMX/(g SS·d)，说明好氧颗粒污泥对 2000μg/L 的磺胺甲噁唑（SMX）仍然具有较高的去除能力。当 SMX 浓度为 3000μg/L [2mg SMX/(g SS·d)] 时，去除负荷从 0.67mg SMX/(g SS·d)上升到 1.55mg SMX/(g SS·d)，并在该浓度下保持稳定。当磺胺甲噁唑（SMX）浓度为 4000μg/L 时，去除负荷下降至 1.31mg SMX/(g SS·d)，尽管此时去除率仍然保持在 60% 以上，但出水中磺胺甲噁唑（SMX）浓度已经高达 1383.96μg/L，说明 4000μg/L 已经超出了好氧颗粒污泥降解磺胺甲噁唑（SMX）的最适范围。

3.5.2.2　有机负荷（COD）对好氧颗粒污泥降解磺胺甲噁唑（SMX）的影响研究

（1）常规污染去除效能

① COD 去除效果：不同的有机负荷会对颗粒污泥性能产生影响[26]。本节研究通过提高反应器进水中 COD 浓度改变系统的有机负荷，考察有机负荷的提高对常规污染物去除效果的影响。在整个有机质提高的过程中，好氧颗粒污泥系统对 COD 的去除效率波动幅度不大。进水基质浓度为 200mg/L 时，7d 内平均去除率为 88.8%。当基质浓度提高到 400mg/L，去除效果明显好转，去除率稳定在 94%以上。从图 3-26 可以看出，基质浓度每提高 200mg/L，COD 去除率都会先降低，但立刻就会恢复，在每个浓度梯度内去除效果稳定。证实了有机负荷的升高对好氧颗粒污泥系统去除 COD 的能力影响较小。进水基质浓度为 800mg/L，出水中 COD 的平均浓度为 46mg/L。在第 27 天时，反应器出水中 COD 浓度为 83.38mg/L，已经超过《城镇污水处理厂污染物排放标准》（GB 18918—2002）中的一级 A 排放标准，后续实验中去除率没有恢复。

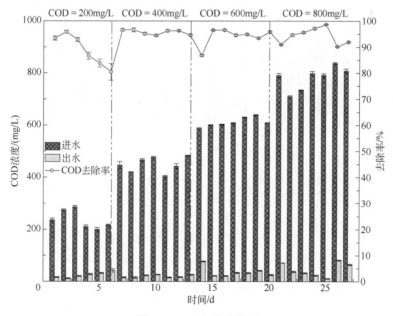

图 3-26　COD 去除情况

② 氮素的转化和去除：在进水 COD 浓度从 200mg/L 提高到 600mg/L 期间，出水中氨氮浓度在 0.70～1.30mg/L 之间，氨氮的去除率基本稳定在 95% 以上。当基质浓度为 800mg/L 时，氨氮去除率突然降至 84.41%，出水中氨氮浓度从 0.78mg/L 升高到 7.88mg/L。出水中亚硝态氮的浓度随进水 COD 浓度的升高而增加。当进水 COD 浓度为 200mg/L 时，反应器中没有检测到硝态氮和亚硝态氮积累。随后 COD 浓度提高到 400mg/L 时，亚硝态氮平均浓度为 0.85mg/L。COD 浓度继续提高后，出水中的亚硝态氮浓度比之前升高得更多，COD 浓度为 600mg/L、800mg/L 时，对应的亚硝态氮平均浓度分别为 3.19mg/L、6.10mg/L。COD 的浓度不断升高，反应器中异养菌的数量会大大增加。相对于异养菌来说，AOB 和 NOB 对于营养物质的竞争能力较弱[27]，因此当 COD 浓度升高，AOB 和 NOB 会成为反应器内的弱势群体，从而导致出水中氨氮和亚硝态氮的浓度升高。在整个 COD 浓度提高过程中没有检测到硝态氮的存在。氨氮的去除情况和亚硝态氮的积累情况见图 3-27 和图 3-28。

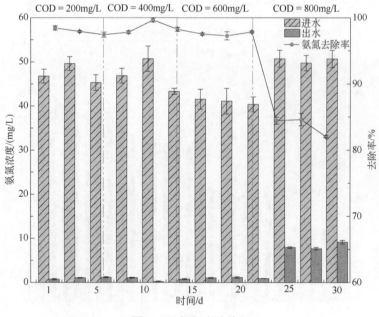

图 3-27　氨氮去除情况

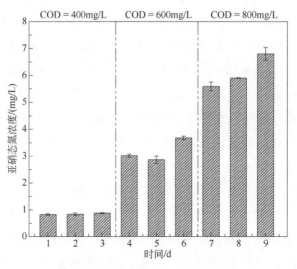

图 3-28　亚硝态氮积累情况

（2）磺胺甲噁唑（SMX）去除效能分析

在磺胺甲噁唑（SMX）浓度为 5μg/L 的情况下，考察不同有机负荷条件下好氧颗粒污泥对磺胺甲噁唑（SMX）的去除情况。实验结果如图 3-29 所示。

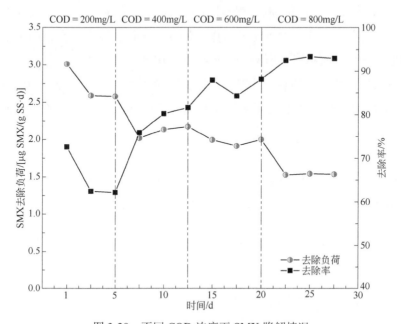

图 3-29　不同 COD 浓度下 SMX 降解情况

随着进水基质浓度的不断升高，磺胺甲噁唑（SMX）去除率呈现递增趋势，但每克污泥去除的磺胺甲噁唑（SMX）质量却逐渐减少。进水基质浓度为200mg/L，SMX的平均去除率为65.74%，相应的进水基质浓度为400mg/L（79.26%）、600mg/L（86.79%）和800mg/L时，去除率分别为79.26%、86.79%和92.92%。从去除率来看，进水基质浓度越高，即有机负荷越大，好氧颗粒污泥对磺胺甲噁唑（SMX）的去除效果越好，这与前人研究结果一致。但由于较高的有机物浓度有利于颗粒污泥的生长，在进水基质浓度增加后，反应器内污泥浓度不断升高，污泥量越大，吸附作用占的比例也相应增加，因此去除率的变化趋势并不能完全体现基质浓度对好氧颗粒污泥降解磺胺甲噁唑（SMX）能力的影响。

与去除率变化趋势不同，随进水COD浓度的提高，磺胺甲噁唑（SMX）去除负荷逐渐降低。进水基质浓度为200mg/L，磺胺甲噁唑（SMX）的平均去除负荷为2.73μg SMX/(g SS·d)，相应的400mg/L时为2.11μg SMX/(g SS·d)、600mg/L时为1.97μg SMX/(g SS·d)、800mg/L时为1.53μg SMX/(g SS·d)。对于磺胺甲噁唑（SMX）去除负荷降低的原因有以下两种推测：

① 在营养物质较少的环境中，好氧颗粒污泥中的某些微生物被迫开始利用磺胺甲噁唑（SMX），使得磺胺甲噁唑（SMX）的去除量较高。当进水基质浓度逐渐升高，反应器中营养物质充足，微生物开始选择比较容易利用的碳源，对磺胺甲噁唑（SMX）的利用有所减少，使得磺胺甲噁唑（SMX）去除负荷降低。

② 可能是由于基质浓度提高而产生的异养菌并不具有降解磺胺甲噁唑（SMX）的能力，在整个好氧颗粒污泥系统中真正起到降解作用的是其他细菌。有研究表明，磺胺甲噁唑（SMX）的降解主要发生在氨氧化过程中[28]。AOB有助于促进活性污泥中磺胺甲噁唑（SMX）及其他磺胺类抗生素的降解，AOB降解磺胺甲噁唑（SMX）的机理是氨单加氧酶（AMO）的共代谢作用。异养菌的大量增加使AOB的生长受到抑制，从而导致磺胺甲噁唑（SMX）去除负荷降低。

3.5.2.3 溶解氧（DO）浓度对好氧颗粒污泥降解磺胺甲噁唑（SMX）的影响研究

DO浓度是影响颗粒形成的关键因素之一，DO浓度过低或过高都会导致污泥膨胀，从而引起好氧颗粒污泥对污染物的去除能力下降。在实际的污水处理过程中，曝气量不仅影响污染物的去除效果，还关系到能耗问题，因此探究 DO 浓度对好氧颗粒污泥系统的影响是十分重要的。

图 3-30（彩色版见书后）给出了 DO 浓度降低前后颗粒污泥的外观变化，反应器正常运行时的 DO 浓度为 8mg/L，此时的颗粒呈黄色，颗粒形状饱满圆润。

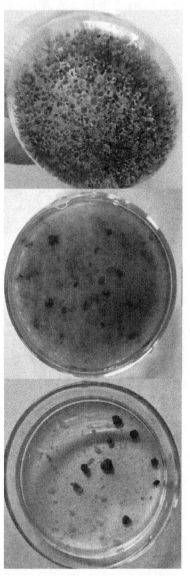

图 3-30　DO 浓度降低前后颗粒污泥形态

当 DO 浓度为 6mg/L，短时间内污泥浓度没有明显变化，大部分污泥仍能保持原来的形态。DO 浓度降至 4mg/L 之后，反应器内大部分污泥破碎，污泥形态由颗粒状变为絮状，颜色开始变黑。部分污泥解体后沉降性变差，随出水排出反应器，反应器内污泥浓度下降。

在 DO 浓度降低过程中，COD 等常规污染物的去除效果如图 3-31 所示。

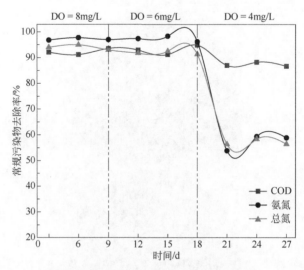

图 3-31 DO 浓度降低后常规污染去除效果

在 DO 浓度从 8mg/L 降低到 6mg/L 过程中，常规污染物的去除率保持在 90% 以上，说明该 DO 浓度下反应器可以正常运行，好氧颗粒污泥并未受到明显影响。DO 浓度降低至 4mg/L，此时出水中 COD 浓度为 59.57mg/L，氨氮和总氮的去除效率也急剧下降。这可能是由优势菌群的大量流失导致的。

图 3-32 体现了 DO 浓度逐渐降低过程中磺胺甲噁唑（SMX）去除效果的变化情况。可以看出随着 DO 浓度的降低，磺胺甲噁唑（SMX）去除率呈逐渐降低的趋势，磺胺甲噁唑（SMX）去除负荷存在一定波动。DO 浓度为 8mg/L 时，平均去除率为 93.53%。DO 浓度为 6mg/L 时，去除率逐渐降低至 80.74%。DO 浓度降低至 4mg/L，出水中磺胺甲噁唑（SMX）浓度明显升高，去除率由 62.43% 降低至 58.72%。与去除率相比，磺胺甲噁唑（SMX）去除负荷波动较小。DO 浓度为 8mg/L 时，平均去除负荷为 3.1μg SMX/(g SS·d)。DO 浓度为 6mg/L 时，磺胺甲噁唑

（SMX）去除负荷从 2.9μg SMX/(g SS·d) 升高到 3.2μg SMX/(g SS·d)，此时的磺胺甲噁唑（SMX）去除负荷最高。当 DO 浓度降低至 4mg/L 时，磺胺甲噁唑（SMX）去除负荷发生明显波动，先从 2.7μg SMX/(g SS·d) 升高到 3.1μg SMX/(g SS·d)，然后又下降至 2.8μg SMX/(g SS·d)。

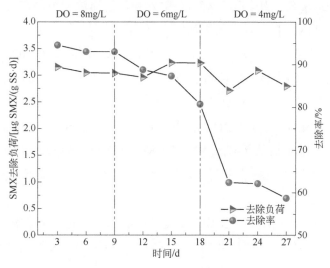

图 3-32　不同 DO 浓度下 SMX 的去除效果

好氧颗粒污泥在 DO 浓度为 6～8mg/L 的范围内，对常规污染物及磺胺甲噁唑都有良好的去除效果，但是当 DO 浓度持续降低至 4mg/L 时，颗粒外观发生明显变化，污泥性能受到严重影响，继续运行反应器面临崩溃风险。最终，随着出水排出污泥越来越多，直至反应器清空，系统彻底崩溃。

3.5.3　小结

本节的研究直接采用成熟的好氧颗粒污泥进行了研究，确定了在好氧颗粒污泥系统中去除磺胺甲噁唑（SMX）的主要机制是生物降解。通过单因素实验考察了 SMX、COD 和 DO 浓度变化对好氧颗粒污泥性能的影响，量化了好氧颗粒污泥对磺胺甲噁唑（SMX）的去除能力。有利于在实际处理不同浓度的磺胺甲噁唑（SMX）污水时，好氧颗粒污泥使用量的确定。

① 磺胺甲噁唑（SMX）浓度从 5μg/L 梯度增加至 4000μg/L，磺胺甲噁唑（SMX）去除率从 74.46% 上升到 92.39%，在 3000μg/L 时，常规污染物去除受到明显影响。SMX 浓度在 500～3000μg/L 范围内，SMX 去除负荷持续上升，从 0.67mg SMX/(g SS·d) 提高到 1.55mg SMX/(g SS·d)。SMX 浓度升至 4000μg/L，去除负荷下降到 1.31mg SMX/(g SS·d)。可以确定好氧颗粒污泥对浓度范围在 5～3000μg/L 的磺胺甲噁唑（SMX）具有较好的去除能力。

② 增加进水 COD 浓度，提高有机负荷，当 COD 浓度为 800mg/L 时，氮素的去除开始受到影响。污泥生长随着基质浓度升高而加快，使磺胺甲噁唑（SMX）去除率不断上升。实际上，有机负荷的提高使好氧颗粒污泥对磺胺甲噁唑（SMX）的去除负荷不断下降。进水 COD 浓度从 200mg/L 梯度升高到 800mg/L，磺胺甲噁唑（SMX）的去除负荷从 2.37μg SMX/(g SS·d) 降至 1.53μg SMX/(g SS·d)。这说明，高有机负荷条件虽然有利于颗粒污泥快速生长，但降低了对磺胺甲噁唑（SMX）的去除能力。

③ 逐步降低 DO 浓度，当 DO 浓度降低至 4mg/L 时，颗粒污泥形态发生明显改变，反应器中的优势菌群开始大量流失，对污染物的去除效果明显下降，系统存在崩溃的危险。

参 考 文 献

[1] Wang L, Liu X, Lee D J, et al. Recent Advances on Biosorption by Aerobic Granular Sludge[J]. J Hazard Mater, 2018, 357: 253-270.

[2] Li B, Zhang T. Biodegradation and Adsorption of Antibiotics in the Activated Sludge Process[J]. Environ. Sci. Technol, 2010, 44: 3468-3473.

[3] Nguyen P Y, Carvalho G, Reis A C, et al. Impact of Biogenic Substrates on Sulfamethoxazole Biodegradation Kinetics by Achromobacter Denitrificans Strain PR1[J]. Biodegradation, 2017, 28 (2-3): 1-13.

[4] Nguyen P Y, Carvalho G, Polesel F, et al. Bioaugmentation of Activated Sludge with Achromobacter Denitrificans PR1 for Enhancing the Biotransformation of Sulfamethoxazole and its Human Conjugates in Real Wastewater: Kinetic Tests and Modelling[J]. Chemical Engineering Journal, 2018, 352: 79-89.

[5] Gauthier H, Yargeau V, Cooper D G. Biodegradation of Pharmaceuticals by Rhodococcus rhodochrous and Aspergillus Niger by Co-metabolism[J]. Science of the Total Environment, 2010, 408 (7): 1701-1706.

[6] Larcher S, Yargeau V. Biodegradation of Sulfamethoxazole by Individual and Mixed Bacteria[J].

Applied Microbiology & Biotechnology, 2011, 91 (1): 211-218.

[7] Bouju H, Ricken B, Beffa T, et al. Isolation of Bacterial Strains Capable of Sulfamethoxazole Mineralization from an Acclimated Membrane Bioreactor[J]. Applied & Environmental Microbiology, 2012, 78 (1): 277-279.

[8] Wang S, Hu Y, Wang J. Biodegradation of Typical Pharmaceutical Compounds by a Novel Strain *Acinetobacter* sp. [J]. J Environ Manage, 2018, 217: 240-246.

[9] Vasiliadou I A, Molina R, Martínez F, et al. Biological Removal of Pharmaceutical and Personal Care Products by a Mixed Microbial Culture: Sorption, Desorption and Biodegradation[J]. Biochemical Engineering Journal, 2013, 81: 108-119.

[10] Kassotaki E, Buttiglieri G, Ferrando-Climent L, et al. Enhanced Sulfamethoxazole Degradation Through Ammonia Oxidizing Bacteria Co-metabolism and Fate of Transformation Products[J]. Water Res, 2016, 94: 111-119.

[11] Mohring S A I, Strzysch I, Fernandes M R, et al. Degradation and Elimination of Various Sulfonamides during Anaerobic Fermentation: a Promising Step on the way to Sustainable Pharmacy?[J]. Environmental Science & Technology, 2009, 43 (7): 2569-2574.

[12] Jia Y, Khanal S K, Zhang H, et al. Sulfamethoxazole Degradation in Anaerobic Sulfate-reducing Bacteria Sludge System[J]. Water Research, 2017, 119: 12-20.

[13] Yang C W, Tsai L L, Chang B V. Anaerobic Degradation of Sulfamethoxazole in Mangrove Sediments[J]. Sci Total Environ, 2018, 643: 1446-1455.

[14] Martins M, Sanches S, Pereira I A C. Anaerobic Biodegradation of Pharmaceutical Compounds: New Insights into the Pharmaceutical-degrading Bacteria[J]. J Hazard Mater, 2018, 357: 289-297.

[15] Chen Y, He S, Zhou M, et al. Feasibility Assessment of Up-flow Anaerobic Sludge Blanket Treatment of Sulfamethoxazole Pharmaceutical Wastewater[J]. Frontiers of Environmental Science & Engineering, 2018, 12 (5): 13-25.

[16] 李琦, 朱兆亮, 李明亮, 等. 好氧颗粒污泥的稳定运行条件及应用研究进展[J]. 山东建筑大学学报, 2019, 34 (06): 63-68.

[17] 金容, 李攀, 李亮, 等. 好氧颗粒污泥研究现状及展望[C]. 2019 中国环境科学学会科学技术年会论文集, 西安, 2019(4): 975-979.

[18] 王冬, 王少坡, 周瑶, 等. 胞外聚合物在污水处理过程中的功能及其控制策略[J]. 工业水处理, 2019, 39 (10): 14-19.

[19] 明婕, 黄子萌, 董清林, 等. 好氧颗粒污泥的性质及形成机制[J]. 水处理技术, 2019, 45 (07): 1-5.

[20] Wu J, Zhou H M, Li H Z, et al. Impacts of Hydrodynamic Shear Force on Nucleation of Flocculent Sludge in Anaerobic Reactor[J]. Water Research, 2009, 43 (12): 3029-3036.

[21] 陈经纬. 负载纳米二氧化钛对好氧颗粒污泥的影响及对磺胺嘧啶的去除研究[D]. 济南: 山东大学, 2017: 27-39.

[22] Sarma S J, Tay J H, Chu A. Finding Knowledge Gaps in Aerobic Granulation Technology[J]. Trends in Biotechnology, 2016, 35(1): 66-78.

[23] Chen H, Li A, Cui C, et al. AHL-mediated Quorum Sensing Regulates the Variations of

Microbial Community and Sludge Properties of Aerobic Granular Sludge under Low Organic Loading[J]. Environ Int, 2019, 130: 104946.

[24] 万小平. 环境相关浓度磺胺嘧啶对好氧颗粒污泥的影响及其去除机制[D]. 济南：山东大学，2018: 13-34.

[25] Antileo C, Roeckel M, Lindemann Jr, et al. Operating Parameters for High Nitrite Accumulation during Nitrification in a Rotating Biological Nitrifying Contactor. Water Environment Research[J]. A Research Publication of the Water Environment Federation. 2007, 79 (9): 1006-1014.

[26] 陆佳. 有机负荷对好氧污泥 EPS 分泌及污泥颗粒化特性的影响[D]. 西安：西安建筑科技大学，2018: 15-29.

[27] 吕心涛, 蒋勇, 孟春霖, 等. 好氧和缺氧条件下游离亚硝酸对氨氧化菌和亚硝酸盐氧化菌的选择性抑制[J]. 微生物学通报, 2019, 46 (08): 1927-1935.

[28] Suarez S, Lema J M, Omil F. Removal of Pharmaceutical and Personal Care Products (PPCPs) under Nitrifying and Denitrifying Conditions[J]. Water Res, 2010, 44 (10): 3214-3224.

第4章

萘普生处理新技术

4.1 萘普生物理处理技术吸附法

4.2 萘普生化学处理技术

4.3 萘普生生物处理技术

4.4 萘普生降解菌分离、鉴定及降解特性研究

4.5 萘普生降解途径

4.1　萘普生物理处理技术吸附法

吸附是指物质（吸附物）在流体相（液体或气体）中通过物理或化学结合作用在吸附剂表面上的累积[1]，可以从水和废水流中去除低浓度的有机污染物，所以国内外都习惯把吸附技术作为抗生素废水的处理技术之一，萘普生也可通过这一方法被去除。吕婧等[2]利用活性炭对城市污水中的萘普生进行吸附，结果表明煤质炭（MAC）对萘普生的饱和吸附量最大，可达到 8.23mg/g。寇晓康等[3]也对萘普生进行了吸附处理，发现当用 XDA 型吸附树脂作为吸附材料时，对萘普生的去除率可以达到 98%，之后再用甲醇对萘普生进行解析回收。

Samir 等[4]研究了萘普生在模拟废水中的吸附过程，利用活性炭废料和沸石作为吸附剂去除模拟废水中的萘普生，在不同 pH 值下进行实验，结果表明吸附对萘普生的去除有一定的作用，且吸附过程受 pH 值的影响，因此，在废水处理的过程中，改变废水的 pH 值可以提高药物的吸附量，达到更好的去除效果。

4.2　萘普生化学处理技术

4.2.1　光催化法

光催化降解在水环境中属于一种有效的 PPCPs 去除方法，作为一种高级氧化技术，它在处理难降解有机废水方面有独特的优势，既可以完全氧化水体中的有机污染物，又不会产生二次污染。陈依玲等[5]以 300W 汞灯为光源进行紫外光照射试验，发现当 pH=4、光照时间为 40min 时，光催化降解效率可达 97.6%。黎展毅等[6]通过实验得出萘普生的光降解符合一级动力学规律，且 NO_3^- 和 NO_2^- 对萘普生的光降解产生抑制作用，作用强度随浓度的增加而增大；NH_4^+ 对萘普生的光降解速率基本不产生影响；Fe^{2+} 和 Fe^{3+} 都对萘普生的光降解产生较轻的抑制作用。

Mendez-Arriaga 等[7]利用 H_2O_2 作为催化剂对萘普生进行光催化，反应时长 3h，萘普生去除率为 40%，矿化率为 20%。

4.2.2　其他高级氧化法

高级氧化技术是针对有机污染物的一种高效去除手段，该技术利用氧化剂、一定的光条件或一定的电条件或特定催化剂进行处理，使得有机污染物结构受到生成的具有强活性的自由基的影响，结构产生变化，如开环、断键、加成或发生电子的转移等现象，从而导致分子量较大的有机物分解成为分子量较小的有机物，或者使有机污染物产生矿化，成为如 CO_2 或 H_2O 的无机物，以达到降低污染物的降解性的目的[8,9]。研究人员分析了各类处理方法的效能，发现羟基自由基（·OH）的氧化能力较强，在选取的多种待分析氧化剂中，其氧化速率仅低于氟氧化剂，氧化速率特性常数高达 $10^6 \sim 10^9$ mol/(L·s)。同时通过对该氧化剂的深入分析，研究员发现其具有普适性的氧化能力，针对各类有机污染物均具有有效的氧化能力，因此具有极高的使用价值。除光催化降解外，研究人员还提出了多种高级氧化方法，例如过氧化氢氧化、臭氧氧化、Fenton 试剂法和湿式空气氧化法(WAO)等[10]。针对本书所提出的萘普生类污染物，Nakada[11]经过分析污染物的结构，发现其中包含萘环及甲氧基结构，并通过相关分析与实验，证明了臭氧对萘普生类污染物具有高效的降解能力。佟玲等[12]以紫外光为光源，采用光 Fenton 法降解低浓度的萘普生水溶液，实验结果说明光 Fenton 法能够处理含低浓度萘普生的水体，经光 Fenton 法处理后的萘普生水溶液与萘普生原液相比毒性降低。Villanueva-Rodríguez 等[13]直接从墨西哥某污水厂曝气口取废水样品进行光催化实验，结果显示太阳光解和化学 Fenton 法可以在一定程度上降低 NSAIDs 的浓度，但它们不足以使双氯芬酸、萘普生和布洛芬的混合物矿化。

4.3　萘普生生物处理技术

关于萘普生生物处理的方法，本章采用菌群驯化的方式获得可有效降解萘普生的降解菌群及萘普生降解菌，为生物处理工艺实际应用过程提供降解菌剂。

4.3.1　实验部分

4.3.1.1　萘普生降解菌群驯化材料

（1）活性污泥

萘普生降解菌群的驯化污泥取自哈尔滨某市政污水处理厂二沉池污泥。

（2）主要试剂

供试萘普生标准品购自 Sigma-Aldrich，纯度＞99%；二甲基亚砜购自赛默飞世尔公司；实验用水均为蒸馏水和超纯水。

（3）培养基

实验所需培养基及其配方如表 4-1 所列，在萘普生降解菌群的驯化及萘普生降解菌株的筛选过程中需要用到 3 种培养基，分别是筛选培养基、富集培养基和 LB 培养基。

表 4-1　培养基成分表

培养基	成分	含量	成分	含量
筛选培养基 （唯一碳源培养基）	$(NH_4)_2SO_4$	0.5g/L	KH_2PO_4	1.5g/L
	K_2HPO_4	3.5g/L	$MgSO_4 \cdot 7H_2O$	0.15g/L
	NaCl	0.5g/L	微量元素	1.0mL
	萘普生	0.1g/L	蒸馏水	1L
	pH 值	7.0		
富集培养基	$(NH_4)_2SO_4$	0.5g/L	KH_2PO_4	1.5g/L
	K_2HPO_4	3.5g/L	$MgSO_4 \cdot 7H_2O$	0.15g/L
	NaCl	0.5g/L	微量元素	1.0mL
	蛋白胨	2.0g/L	蒸馏水	1L
	萘普生	0.1g/L	pH 值	7.0
LB 培养基	胰蛋白胨	10g/L	酵母抽提物	5g/L
	NaCl	10g/L	pH 值	7.0

在进行菌株的筛选及细菌纯培养时，上述培养基需要进行 121℃、20min 的灭菌。若培养过程中需要固体培养基，则在液体培养基中加入 1.8%（质量浓度）的琼脂，在电热炉上加热至琼脂完全溶化，随后分装至锥形瓶中，利用高温高压灭菌锅对其进行灭菌。

研究过程中所用的萘普生为萘普生储备液，将萘普生用二甲基亚砜溶化后配置成浓度为 50g/L 的储备液，使用时需要进行大量稀释。

4.3.1.2　试验方法

（1）萘普生降解菌群的富集

本章研究均在好氧条件下进行，在配制好的富集培养基中接种取得的二沉池活性污泥，除萘普生外无其他有机物，利用萘普生作为唯一碳源，富集活性污泥中的萘普生降解菌，利用超高效液相色谱（UPLC）对富集培养基中的萘普生浓度进行检测，操作步骤如下。

① 取一定量的污水处理厂二沉池污泥，利用 40 目的筛网进行过筛，目的是去除其中的砂石、树枝及其他固体颗粒物等。

② 将过筛后的污泥取 50mL 加入 250mL 的锥形瓶中，再向锥形瓶中加入 100mL 筛选培养基。驯化实验共设置 3 组样品，每组 2 个平行样品，萘普生浓度设置依次为 50mg/L、100mg/L、150mg/L，加入药品后晃动混匀。待污泥沉降后取上清液，用 0.22μm 的滤膜进行过滤，后续利用 UPLC 对萘普生的初始浓度进行测量。取样之后将三组锥形瓶放置于已做好遮光处理的恒温振荡培养器（下文中恒温振荡培养器均做遮光处理）中进行振荡培养。

③ 定期取样，取样间隔为 6d，将锥形瓶从摇床中取出，静止至污泥完全沉降，取上清液，用 0.22μm 的滤膜进行过滤，后续利用 UPLC 对萘普生的浓度进行检测。

④ 驯化进行期间，定期取污泥样品，取样间隔为 30d，取样体积 5mL，离心机转速设置为 10000 r/min 对污泥样品进行离心，结束后将上清液弃去，保留污泥样本。驯化结束，取所有离心后保留的样本送至生物测序公司，通过高通量测序

分析活性污泥中的微生物群落结构。

（2）萘普生降解菌群降解效能的测定

萘普生降解菌群驯化阶段每隔 6d 取一次样，通过超高效液相色谱（UPLC）进行检测，首先根据检出限对所测样品进行浓度稀释，通过 0.22μm 的滤膜进行过滤，以防样品堵塞色谱柱，过滤后将样品装入 Agilent 液相色谱小瓶。检测波长 332nm，色谱柱为 C18（250×4.6mm，5μm），流动相比例甲醇：超纯水=75：25（体积比），柱温 30℃，流速 0.1mL/min，进样量 10μL，保留时间 3min。

（3）萘普生降解菌群群落结构分析

在萘普生降解菌群驯化过程中，需要定期对污泥进行取样，时间间隔设置为 20d，取出样品后进行离心，倒去上清液后将污泥冻存，保存不同时期萘普生降解菌群样品，并编号为"1""2""3""4"，样品"1"表示初始萘普生降解菌群的样品，样品"2"和"3"代表萘普生降解菌群驯化中期的样品，样品"4"代表萘普生降解菌群驯化结束时的样品。样品交由上海美吉生物医药科技有限公司进行高通量测序，获得数据进行群落结构种类和多样性分析。

4.3.2　萘普生降解菌群降解效能分析

萘普生降解菌群驯化和降解效能情况如图 4-1 所示。当萘普生污泥浓度为 50mg/L 时，萘普生浓度平稳下降，1344h（56d）趋于稳定，此时萘普生浓度达到 22.33mg/L，降解率为 55.83%；当萘普生（NPX）污泥浓度为 100mg/L 时，萘普生（NPX）浓度达到为 38.81mg/L，降解率为 61.19%；当萘普生（NPX）污泥浓度为 150mg/L，240h（10d）后萘普生（NPX）浓度急剧下降至 119.91mg/L，348h（16d）后下降趋势减缓，1344h（56d）后趋于平稳，最终萘普生（NPX）浓度达到 32.57mg/L，降解率为 78.12%。这个结果说明，底物浓度的增大可以使得污泥对萘普生的降解能力提高，是因为萘普生浓度的提高，污泥中可以由萘普生（NPX）提供能源和碳源的菌群大量繁殖、生长，使得污泥对萘普生的降解能力逐步提高。

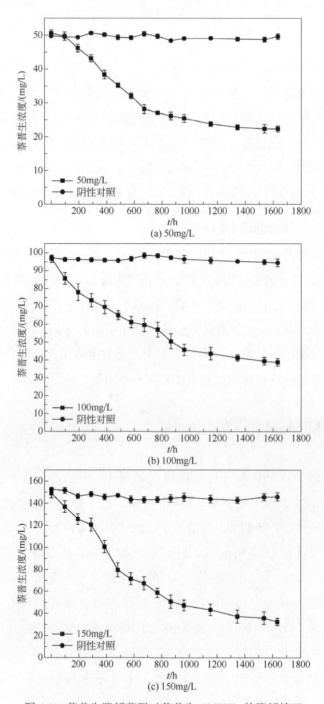

图 4-1　萘普生降解菌群对萘普生（NPX）的降解情况

4.3.3 小结

随着驯化进行，培养基中萘普生浓度逐步升高，活性污泥去除萘普生的效能也逐步提高。由此可以初步推断，活性污泥中能够降解萘普生的菌群逐渐成为优势菌群，而无法利用萘普生作为唯一能源和碳源的菌群则被逐渐淘汰。

4.4 萘普生降解菌分离、鉴定及降解特性研究

4.4.1 实验部分

4.4.1.1 试验材料

本节实验研究所需培养基见 4.3.1.1，所用到的主要实验仪器如表 4-2 所列。

表 4-2 实验中所用仪器

序号	仪器名称	型号	厂家
1	pH 计	MIK-pH3.0	杭州美控自动化技术有限公司
2	超纯水仪	EU-K1-10/20/30/4	南京欧铠环境科技有限公司
3	721 可见分光光度计	721	北京海天友诚科技有限公司
4	恒温培养振荡器	DJLWY	杭州得聚仪器设备有限公司
5	电子天平	JZ-FA1204	北京九州晟欣科技有限公司
6	超声波清洗器	JY-YQ-620C	北京金洋万达科技有限公司
7	电热恒温水浴锅	JZ-HWS28	北京九州晟欣科技有限公司
8	垂直流超净工作台	ZHJH-C1115C	上海沪粤明科学仪器有限公司
9	磁力搅拌器	GG329/-85-1	北京中西远大科技有限公司
10	显微镜	CX23	上海向帆仪器有限公司
11	鼓风干燥箱	DHG-9000	北京金时速仪器有限公司
12	培养箱	PS-4000	成都瑞派斯科技有限公司

序号	仪器名称	型号	厂家
13	−80℃冰箱	DTK3-TH-86-340-LA	西化仪（北京）科技有限公司
14	全自动压力蒸汽灭菌锅	8037-SGS	长春百奥生物仪器有限公司
15	旋转蒸发器	RE-301	北京金洋万达科技有限公司
16	离心机	SIGMA 2-16P	北京博菲科特科技有限公司
17	氮吹仪	SD-12	上海净信实业发展有限公司
18	超高效液相色谱仪	ACQUITY UPLC	上海犇誉实业有限公司

4.4.1.2　试验方法

（1）萘普生降解菌的分离纯化

为了从已驯化的带有活性的污泥中提取具有相同菌落特征的单一菌落样本，进行了相应实验研究。

① 从盛装有已完成驯化的活性污泥的锥形瓶中移取 10mL 污泥样本，并加入适量无菌水，使其满足占比 10%的条件，同时加入适量的玻璃珠，从而破坏污泥样本中的絮体结构，释放其中包含的各类微生物以备后续使用。为使微生物充分释放，将配制的样本置于锥形瓶中，利用摇床设备振荡 1h。

② 当振荡充分后，取出制备好的样本，静置约 10min，在超净工作台内移取约 1mL 样品上层清液，同样加入适量无菌水使其满足占比 10%的条件。并制备带有梯度特性的稀释样本，目标梯度以 10^{-1}、10^{-2}、10^{-3}、10^{-4}、10^{-5}、10^{-6} 为佳。

③ 针对制备的 6 种梯度浓度的待测样本，移取100μL 至固体培养基上，利用涂布棒将其缓慢推开，直至待测菌液被涂干。

④ 将制备好的平板倒置并放置于培养箱中，保持培养箱温度稳定在30℃条件下，静置培养 10d，取出观察各梯度浓度样本平板上菌落的排布规律，取其中排布分散程度均匀的样本备用。

选取具有均匀分布特性的菌落平板样本后，观察其菌落形态并针对各类不同形态类型的单菌落完成分类与标记，同时利用划线将不同的类别进行分离。为提高菌类特性的单一程度，在使用样本之前要先将接种环置于高温条件下进行灭菌操作，常用操作方式为在火焰上进行 3 次或以上次数的灼烧。此后将其降温并挑取待测菌落。针对已完成筛选的待测培养基平板，利用划线将其区分为 3 个区域，并使用封口膜构造封闭环境，放置于以 30℃条件设置的恒温培养箱中培养 5～7d，此过程中要保持待测样板处于静置状态。在得到具有菌落特性的单一单菌落之前，需要在一定时间内重复上述过程制备待测菌落样板，这是一个不可避免的制备过程。

（2）萘普生降解菌的筛选

事先将液体培养基倒至锥形瓶中，每瓶 100mL，进行 121℃、20min 高温高压灭菌，待灭菌结束后向培养基内加入萘普生（NPX）储备液，设置液体培养基内萘普生（NPX）浓度约为 100mg/L；分离纯化结束后，将得到的菌株在无菌环境下挑取，转入液体培养基中，利用封口膜对锥形瓶进行密封。最后将锥形瓶移至摇床，设置摇床参数为 150r/min、30℃，培养 7～10d。每次培养前后均取 5mL 菌液，利用紫外分光光度计测量菌液 OD_{600}，利用超高相液相色谱对培养基中萘普生浓度进行测定。上述实验步骤需要不断重复多次，直到筛选出萘普生高效降解菌株后停止。

（3）萘普生降解菌的鉴定

1）观察菌株形态

通过上述菌株筛选步骤，最终筛选出一株萘普生降解菌。在无菌环境中进行平板划线，密封培养皿后将其转入恒温培养箱进行培育。待到平板上长出单菌落后，对菌落的形状、大小以及色泽用肉眼观察，同时记录菌落的颜色、质地等形态特征；结束肉眼观察后，需要对菌落进行原子力显微镜（AFM）观察：首先取一块干净载玻片，在载玻片表面正中央滴入少量超纯水，利用接种环将菌落挑取至载玻片的超纯水中进行涂布，涂至完全干为止，再将载玻片放在酒精灯上，利用外焰灼烧，边灼烧边移动，这一步是为了固定菌体。置备好样品后上机观察，得到原子力显微镜图。要注意挑取菌落时不可过多，否则很可能在原子力显微镜下无法观测到单菌形态。

2）菌株的 Biolog 鉴定

Biolog 鉴定是利用其独创的碳源系统对包括细菌、真菌及酵母在内的 2000 余种微生物进行鉴定。根据菌种的不同类型选择不同的培养基，经高温高压灭菌后制备固体培养基平板，将待测菌落接种至平板上，扩大培养 2～3d 后，配制一定浓度的悬浊液，配制成功后将悬浊液接种至 96 孔板，即微孔鉴定板（micoplate），培养 48h，温度设置 34℃，由于菌体在利用某一种碳源进行新陈代谢时会产生颜色变化，所以 96 孔板上会出现深浅不一的紫色。培养结束后将 96 孔板上机读取结果，再将结果与数据库中的标准菌株进行图谱比对，可以鉴定菌株所属菌种。

3）菌株的 16S rRNA 测序

将分离后的菌株接种在固体培养基上，放置于恒温培养箱中进行培养，待其长出单菌落后存样，送至生物测序公司进行 16S rRNA 测序。将测序结果在 GeneBank 中进行比对，构建菌株的系统发育分析。

PCR 反应体系试剂用量如表 4-3 所列，PCR 反应程序如表 4-4 所列。

表 4-3　PCR 反应体系试剂用量

名称	用量/μL
2×EasyTaq SuperMix（Tag 酶混合物）	15.0
模板 DNA	2.0
PCR 正向引物（10μmol/L）	1.0
PCR 反向引物(10μmol/L)	1.0
无菌双蒸水	定容至 30.0

表 4-4　PCR 反应程序

程序		反应温度/℃	反应时间
预加热		94	5min
变性	35 个循环	94	30s
复性		55	30s
延伸		72	90s
延伸		72	7min

（4）菌株 G1 的底物广谱性测定

将筛选培养基中的底物——萘普生，分别换成布洛芬、磺胺嘧啶、磺胺甲基异噁唑、3-氨基-5-甲基异噁唑、咔唑、卡马西平、磺胺甲基嘧啶、青霉素，利用以上几种有机物替代萘普生分别作为唯一碳源，培养基中其他有机物成分不变，培养温度与摇床转速不变，将菌株接种在这几种培养基中进行培养，同时设置空白对照组，将含有以上有机物的培养基直接放入摇床，不接种菌株。经过 7d 培养后，将实验组与空白对照组的培养基进行取样、离心 10min，离心机参数设定为 8000r/min、4℃，离心结束取上清液过膜，进行全波长扫描，速度 100nm/min，波长范围 200～750nm，从而得到菌株 G1 对不同底物的利用情况。

（5）菌株 G1 作用酶类别测定

利用 2 种不同液体培养基对菌株 G1 进行培养，培养基 A 为筛选培养基，即以萘普生（NPX）为唯一碳源的培养基；培养基 B 为乙酸钠培养基，即无任何外加碳源，仅在无菌水中加入乙酸钠配制的培养基。待 2 瓶培养基中菌浊较高时离心，并用 PBS 反复冲洗 3～4 次制备休眠细胞，完成后将 2 瓶菌液用 PBS 调至吸光度相同，并同时向 2 瓶中加入 NPX。最终条件为 A、B 2 瓶中萘普生（NPX）浓度均为 50mg/L，$OD_{600}=1.800$。置于摇床内培养 4h，摇床转速 150r/min，取样时间间隔 0.5h，实验时间 4h。最终通过对比 2 种不同培养基内的菌株 G1 对萘普生（NPX）的降解情况来确定菌株 G1 的作用酶为诱导酶或结构酶。

（6）菌株 G1 降解萘普生的影响因素探究

将菌株接种至液体培养基内，培养至菌液明显浑浊，再将其适量接种于新鲜的萘普生筛选培养基中。设置不同培养基 pH 值为 5、6、7、8、9，不同培养温度为 10℃、20℃、30℃、40℃、50℃，不同摇床转速为 0r/min、50r/min、100r/min、150r/min、200r/min，不同接种量为 1%、5%、10%、20% 和 30%，观察在不同的 pH 值、温度、摇床转速以及接种量的情况下，菌株的生长及降解情况有何变化，从而确定菌株的最佳生长条件。

（7）菌株 G1 的生长–降解曲线测定

设置 3 组样品：

① 第一组向新鲜的萘普生（NPX）筛选培养基中接种菌液，接种量 10%，萘普生（NPX）浓度 50mg/L；

② 第二组只有新鲜的萘普生（NPX）筛选培养基，不接种菌液，萘普生（NPX）

浓度为 50mg/L；

③ 第三组向新鲜的萘普生（NPX）筛选培养基中接种菌液，接种量 10%，萘普生（NPX）浓度 50mg/L。

第二、三组为空白对照组。定时取样，取样间隔 12h。测定菌液的 OD_{600} 和萘普生（NPX）的浓度，以此绘制菌株的生长-降解曲线。

（8）菌株 G1 降解萘普生（NPX）的动力学测定

制备萘普生筛选培养基，培养基中萘普生浓度分别设置为 50mg/L、100mg/L、150mg/L、200mg/L、250mg/L、300mg/L、350mg/L、400mg/L，向培养基中接种适量的菌株休眠细胞，定时取样，间隔 6h，实验总时长 8d，测定样品的 OD_{600} 和萘普生（NPX）浓度，以此探究菌株降解萘普生（NPX）的生长动力学及降解动力学。

休眠细胞的制备：在无菌条件下，将固体培养基中的单菌落挑取至液体筛选培养基中，放入摇床，设置温度 30℃，摇床转速 150r/min。待菌株生长进入对数生长期，在无菌条件下将其接种至液体富集培养基，放入摇床，设置温度 30℃，摇床转速 150r/min，培养 5～7d，将菌液分装至 50mL 离心管中，10000r/min 条件下离心 10min，弃去上清液，加入 PBS 后振荡混匀，在 10000r/min 条件下离心 10min，PBS 冲洗 2～3 次，最后加入 PBS，将菌体制成悬浊液，即休眠细胞，OD_{600} 约为 1.0，置于 4℃冰箱保存。

（9）高效液相色谱检测方法

取样后将样品稀释 10 倍，利用 0.22μm 的滤膜进行过滤，随后将样品装入液相色谱小瓶。采用 ACQUITY 高效液相色谱仪，色谱柱为 C18（250×4.6mm，5μm），设置波长为 332nm，流动相比例为甲醇：超纯水=75：25（体积比），柱温 30℃，流速 0.1mL/min，进样量 10μL，保留时间 3min。萘普生（NPX）标准曲线如图 4-2 所示。

（10）萘普生降解菌的保存方法

菌株筛选成功后需要用适当的方法进行保存。根据菌种保藏的时间长短可以将保存方法分为短期保存和长期保存。短期保存采用斜面保藏，长期保存采用甘油保藏。

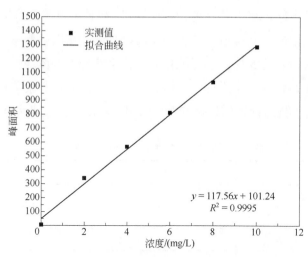

图 4-2　液相色谱测定萘普生（NPX）的标准曲线

① 斜面保藏：向 20×220mm 的试管中倒入 12mL 已灭菌的筛选培养基，随后用棉塞堵住管口，目的是避免污染。实验台上放置一支 1cm 厚的木条，将试管头部枕于木条之上，可以使管内培养基自然倾斜。待其凝固后，在无菌条件下将筛选得到的萘普生降解菌接种至斜面，放入恒温培养箱培养至菌落长出为止，之后将斜面放入 4℃冰箱保存。斜面保存的有效时间最长为 2 个月，所以即使没有需要，也需要每隔 1～2 月将斜面上的菌株进行活化转存，防止菌株失去活性。

② 甘油保藏：这一方法适用于需长期保存的菌株。将菌株接种至 LB 液体培养基中，待其生长至对数生长期时，在无菌条件下将菌液与 40%的甘油按照体积比 1∶1 的比例混合，再将混合后的溶液移入离心管，于−80℃冰箱冻存。40%的甘油需要提前配好，甘油与超纯水比例为 2∶3，将蒸馏水缓慢加入甘油内，边加入边振荡摇匀，配制好后需要高温高压灭菌，温度设置 121℃，灭菌时间 20min。

4.4.2　萘普生降解菌筛选鉴定

4.4.2.1　萘普生降解菌的筛选

经过驯化步骤，可以降解萘普生的菌群作为优势菌群被保留了下来，利用驯化后的活性污泥在固体培养基上进行多次涂布，待长出单菌落后将其挑取、划线。最终选取了 5 株菌株，其菌落形态各不相同，且都能在以萘普生为唯一碳源的固体培养基上生长。将这 5 株菌进行纯化后接种至萘普生液体培养基，萘普生浓度设置为 100mg/L，转入摇床进行振荡培养。一周后，取样观察菌株对萘普生的降解效能，并通过 OD_{600} 确定菌株对萘普生的耐受程度，结果见表 4-5。

表 4-5 筛选菌株的生长量和降解率的测定

菌株编号	OD_{600}	降解率/%
1	0.092	64.8
2	0.061	46.7
3	0.064	28.1
4	0.035	3.9
5	0.041	6.2

1、2、3 号菌株的 OD_{600} 值较高，表示其对萘普生的耐受程度较高，且菌株 1 和 2 对萘普生的降解率都可达到 40%以上。综合研究结果，编号为 1 的菌株符合筛菌条件，能够大量生长、繁殖，且对萘普生有很高的降解率，故选择 1 号作为目的菌株，将其命名为 G1。确定实验菌株后开始对其进行形态观察，包括菌落形态和菌株个体形态。随后对其进行菌属鉴定等一系列实验。

4.4.2.2 萘普生降解菌的鉴定

（1）菌株 G1 的形态特征

菌株 G1 在萘普生固体培养基上培养 10d，菌落如图 4-3 所示（彩色版见书后），群落较小，呈乳白色，形状为圆形，中部略有凸起，边缘整齐，表面较为湿润，平滑无褶皱，不易被挑起；菌液浑浊，呈淡黄色。其原子力显微镜照片如图 4-4 所示（彩色版见书后），菌株 G1 呈短杆状，有鞭毛。

（2）菌株 G1 的 16S rRNA 测序

16S rRNA 测序是一种较为常用的细菌发育分类鉴定手段[14]，通过这一技术可以了解所测样品中的群落结构多样性，在微生物分类鉴定方面起到了重要作用。

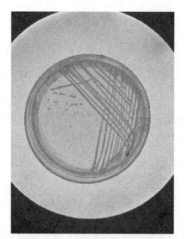

图 4-3　菌株 G1 形态特征

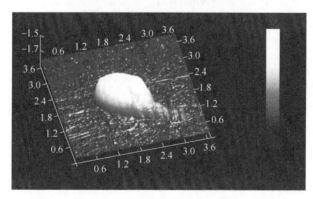

图 4-4　菌株 G1 原子力显微照片（单位：μm）

在 RDP 数据库中对上传的菌株 G1 的 16S rRNA 基因序列进行对比归类，得到的对比结果表明菌株 G1 为厚壁菌门（Pachyphyte）；放线菌纲（Actinobacteria）；微球菌目（Micrococcus）；微杆菌科（Microbacteriaceae）；微杆菌（*Microbacterium*）。

通过对比菌株 G1 的 16S rRNA 测序结果与 NCBI 中的模式菌株的基因序列，得到了一株模式菌株，它与菌株 G1 的同源性较高。对菌株 G1 进行系统进化树的构建，如图 4-5 所示。

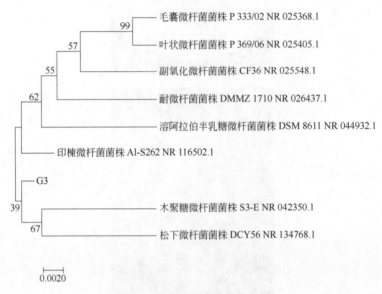

图 4-5　菌株 G1 的系统进化树

通过基因序列对比后能够确定菌株 G1 与 *Microbacterium xylanilyticum* 的基因同源性高达 98.71%，亲缘关系最为相近，由此也可以确定菌株 G1 为 *Microbacterium xylanilyticum*。

（3）菌株 G1 的 Biolog 鉴定

Biolog 微生物鉴定系统是利用其独创的碳源系统对包括细菌、真菌及酵母在内的 2000 余种微生物进行鉴定。当菌体在利用某一种碳源进行新陈代谢时，产生的酶会将无色指示剂四唑紫还原成紫色，所以 96 孔板上会出现深浅不一的紫色（如图 4-6 所示，彩色版见书后）。培养结束后将 96 孔板上机读取结果，再将结果与数据库中的标准菌株进行图谱比对，软件读取吸光度后可将其与数据库中的菌株数据进行自动比对，从而可以鉴定菌株所属菌种。读数结果如图 4-7 所示（彩色版见书后）[15]。

图 4-6　菌株 G1 在 96 孔板上的颜色反应

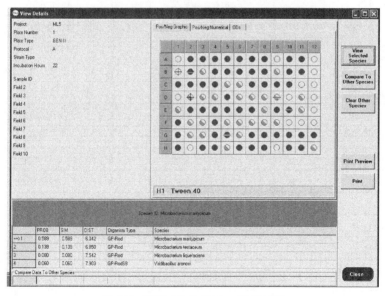

图 4-7　菌株 G1 的 Biolog 读数结果

在书后彩色版图 4-7 中可见：白色圆圈、紫色圆圈、半绿半白圆圈和有十字的圆圈四种标志。其中白色圆圈代表结果呈阴性，即菌株 G1 不能利用此类碳源；紫色圆圈代表结果呈阳性，即菌株 G1 可以利用此类碳源；半绿半白圆圈代表边界值，即在数据库对比结果时不考虑此类数据；十字圆圈代表差异性，即模式菌株可利用此类碳源但是鉴定菌株不能利用，或模式菌株不能利用此类碳源但鉴定菌株可以利用。如果鉴定结果与数据库匹配良好，鉴定结果将会在绿色鉴定条上显示。除此之外，绿色鉴定条下方还出现了：可能性（PROB）、相似性（SIM）和位距（DIS）三个重要参数。这其中 SIM 和 DIS 尤为关键，对应菌株 G1 的培养时间，SIM 值应大于等于 0.500、DIS 值较小时才能表示鉴定结果良好，而菌株 G1 的鉴定结果为 SIM 值 0.589、DIS 值 6.042，表明菌株 G1 与鉴定结果 *Microbacterium Maritupicum* 匹配度较低。菌株 G1 对 96 孔板上碳源利用情况如表 4-6 所列[16]。

表 4-6　菌株 G1 对 96 孔板上碳源利用情况

碳源	结果	碳源	结果	碳源	结果
A1 阴性对照	−	A2 糊精	+	A3 D-麦芽糖	+
A4 D-海藻糖	+	A5 D-纤维二醇	+	A6 龙胆二塘	+
A7 蔗糖	+	A8 松二糖	+	A9 水苏糖	−
A10 阳性对照	+	A11 pH6	+	A12 pH5	+
B1 D-棉籽糖	+	B2 α-D-乳糖	+	B3 D-密二糖	(+)
B4 β-甲基-D-半乳糖苷	+	B5 水杨苷	+	B6 N-乙酰-D-葡萄糖	+
B7 N-乙酰-β-D-甘露糖胺	+	B8 N-乙酰-D-半乳糖胺	+	B9 N-乙酰神经氨酸	(+)
B10 1%氯化钠	+	B11 4%氯化钠	+	B12 8%氯化钠	−
C1 α-D-葡萄糖	+	C2 D-鼠李糖	+	C3 D-果糖	+
C4 D-半乳糖	+	C5 3-甲基-D-葡萄糖	(+)	C6 L-岩藻糖	(+)
C7 D-岩藻糖	+	C8 L-鼠李糖	+	C9 次黄苷/肌苷	(+)
C10 1%乳酸钠溶液	+	C11 夫西地酸	−	C12 D-丝氨酸	−
D1 D-山梨醇	−	D2 D-甘露醇	(+)	D3 D-阿糖醇	(+)
D4 m-肌醇	(+)	D5 甘油/丙三醇	+	D6 D-葡萄糖-6-磷酸	+
D7 D-果糖-6-磷酸	(+)	D8 D-天冬氨酸	(+)	D9 D-丝氨酸	(+)
D10 醋竹桃霉素	−	D11 利副霉素 SV	(+)	D12 二甲胺四环素	−
E1 明胶	(+)	E2 甘氨酰-L-脯氨酸	(+)	E3 D-丙氨酸	+
E4 L-精氨酸	+	E5 L-天门冬氨酸	+	E6 L-谷氨酸	+
E7 L-组氨酸	+	E8 L-焦谷氨酸	+	E9 L-丝氨酸	+
E10 林可霉素	+	E11 盐酸胍	(+)	E12 十四烷硫酸钠	−

碳源	结果	碳源	结果	碳源	结果
F1 果胶	+	F2 半乳糖醛酸	(+)	F3 半乳糖酸内酯	(+)
F4 葡萄糖酸	+	F5 D-葡萄糖醛酸	(+)	F6 葡萄糖酰胺	(+)
F7 半乳糖二酸	(+)	F8 奎宁酸	(+)	F9 D-葡萄糖二酸	(+)
F10 万古霉素	−	F11 四唑紫	−	F12 四唑蓝	−
G1 p-羟基苯乙酸	+	G2 丙酮酸甲酯	(+)	G3 D-乳酸甲酯	(+)
G4 L-乳酸	+	G5 柠檬酸	+	G6 α-酮戊二酸	(+)
G7 D-苹果酸	+	G8 L-苹果酸	+	G9 溴代丁二酸	+
G10 蔡啶酸	+	G11 氯化锂	+	G12 亚碲酸钾	+
H1 吐温 40	+	H2 γ-氨基丁酸	−	H3 α-羟丁酸	+
H4 β-羟基-D,L-丁酸	+	H5 α-丁酮酸	(+)	H6 乙酰乙酸	+
H7 丙酸	+	H8 乙酸	+	H9 甲酸	(+)
H10 氨曲南	+	H11 丁酸钠	(+)	H12 溴酸钠	(+)

注："+"表示阳性；"−"表示阴性；(+) 表示边界值。

96 微孔鉴定板中的 71 种碳源中，包括糊精、麦芽糖、海藻糖等在内的 44 种碳源可被菌株 G1 利用进行新陈代谢，同时菌株 G1 可在 1%的氯化钠和 4%的氯化钠溶液中生长，但不能在 8%的氯化钠溶液中生长。

4.4.3 萘普生降解菌影响因素

4.4.3.1 温度对菌株 G1 生长及萘普生（NPX）降解的影响

温度可以直接影响细胞的酶活性以及细胞膜蛋白质活性，所以温度成了影响微生物新陈代谢的一个重要因素。要研究温度对菌株 G1 的生长、降解的影响，需要将其培养环境设置不同温度进行实验，本实验设置温度分别为 10℃、20℃、30℃、40℃、50℃，在此条件下菌株 G1 的生长和对萘普生的降解情况如图 4-8 所示。

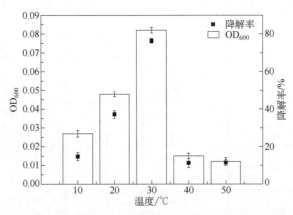

图 4-8   温度对菌株 G1 生长和萘普生（NPX）的降解的影响

微生物可以按照适宜生长的温度范围分为低温微生物、中温微生物和高温微生物三类[17]，菌株 G1 属于中温微生物。当以萘普生作为唯一能源和碳源生长时，菌株 G1 的生长、对萘普生的降解过程与温度的变化密切相关，随着设置温度的不断升高，OD_{600} 值和降解率均呈现了先升后降的趋势。当温度为 10℃时，菌株 G1 的 OD_{600} 值不到 0.03，降解率为 14.82%，随着温度上升，生长率与降解率随之上升，当温度为 30℃时，对萘普生的去除率达到最高，为 86.56%。30℃后随着温度进一步升高，生长率与降解率开始下降，当温度高于 40℃时，菌株 G1 的 OD_{600} 值直线下降，说明此温度并不适合菌株 G1 生长，并且对萘普生的降解率也骤降至 15%以下。说明过高的温度会使菌株 G1 体内酶活性下降，所以菌株 G1 生长的最适温度为 30℃。

4.4.3.2   初始 pH 值对菌株 G1 生长及萘普生（NPX）降解的影响

每种微生物都有适宜其生长的 pH 值范围，pH 值是影响微生物生长及胞外物质合成的重要因素之一。pH 值过低或过高都会影响微生物对物质的吸收，同样也会影响细胞膜所带电荷的变化，除此之外还会导致微生物体内的酶活性变化，严重者甚至会导致微生物死亡。因此，确定菌株 G1 的最适生长条件，pH 值也是重要因素之一。

本节研究将初始 pH 值条件分别设置为 5、6、7、8、9，由中性开始，酸性、碱性条件各设置 2 个区间，并在此条件下测定了菌株 G1 的生长情况和对萘普生的降解情况，研究结果如图 4-9 所示。

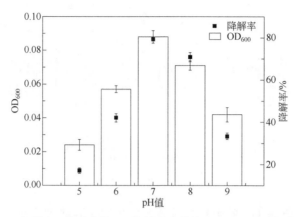

图 4-9　初始 pH 值对菌株 G1 生长和萘普生（NPX）的降解的影响

当 pH 值为 7 时，菌株 G1 的生长量达到最大，此时菌液的浊度较高，说明生物量很高，同时对萘普生的降解率也达到了最高，为 78.16%，可以推测此时菌株 G1 体内的酶活性较高；当 pH 值为 8 时，菌株 G1 的生长量和对萘普生的降解率相对有所下降，但相差并不悬殊，对萘普生的降解率为 70.02%。但当 pH 值分别为 5、6、9 时，可以看到明显差异，菌液浊度并不高，且降解率几乎均低于 50%。由此可见，pH 值过高或过低都不适宜菌株 G1 的生长，进而影响对萘普生的降解。

4.4.3.3　摇床转速对菌株 G1 生长及萘普生（NPX）降解的影响

摇床在振荡过程中可以为微生物体系提供曝气量，所以微生物体系中的溶解氧高低是由摇床转速直接决定的。摇床转速过高，微生物体系中溶解氧含量升高，使得菌株代谢速率上升，会对中间产物的降解产生不利影响，且转速过高会增加能耗，不利于节能；而当摇床转速过低时，微生物体系中溶解氧含量降低，可能不足以供菌株 G1 生长，菌株无法完全有效地利用萘普生。因此，确定最佳的摇床转速对于节能和菌株 G1 对萘普生的降解都具有重要意义。

本节研究设置了 0r/min、50r/min、100r/min、150r/min、200r/min 5 个不同摇床转速的培养环境，并对菌株 G1 生长情况和萘普生（NPX）的降解情况进行测定，菌株 G1 的生长及对萘普生（NPX）的降解情况如图 4-10 所示。

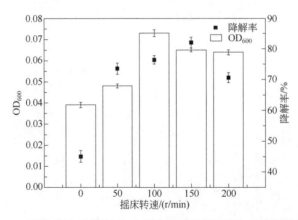

图 4-10　摇床转速对菌株 G1 生长和萘普生（NPX）的降解的影响

摇床转速对菌株 G1 的生长和对萘普生的降解效能影响并不十分明显。接种后由于菌株 G1 的菌量较小，完全可以利用锥形瓶中的残留氧分子进行生长与代谢，所以从图 4-10 来看，当摇床转速为 0r/min，菌株仍可以生长，而且能够降解部分萘普生；而后随着时间推移，锥形瓶中的残留氧分子耗尽，菌株 G1 的生长、降解能力受到了限制，开始与其他几组有了差异。但当摇床转速为 100r/min、150r/min、200r/min 时，菌株 G1 的生长与对萘普生的降解效能并无太大差异。最终对比各组实验结果，确定了菌株 G1 的最佳生长和降解萘普生（NPX）的摇床转速为 150r/min。

4.4.3.4　接种量对菌株 G1 生长及萘普生（NPX）降解的影响

接种量决定了菌株 G1 的生长代谢周期：接种量低会延长迟缓期；合适的接种量则会使迟缓期缩短，菌株可以快速适应生长环境；若接种量过大，菌株同样会正常生长，但是会增加培育成本。同样，适宜浓度的菌株 G1 种子液也可以让菌株快速适应生长环境，缩短迟缓期。利用相同萘普生浓度的培养基进行不同接种量的菌株 G1 接种，通过实验确定不同的接种条件对于菌株的生长和对萘普生降解率的影响。实验结果如图 4-11 所示。

接种量为 1% 时，OD_{600} 为 0.018，菌株 G1 对萘普生的降解率仅为 15.43%，由此也印证了过低的接种量会延长迟缓期，甚至导致菌株无法继续生长。接种量为 5% 时，OD_{600} 为 0.069，菌株 G1 对萘普生的降解率为 37.21%；接种量为 10%

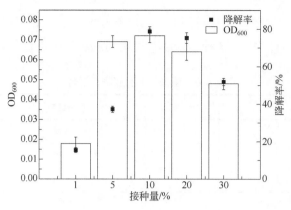

图4-11 接种量对菌株G1生长和萘普生（NPX）的降解的影响

时，OD_{600} 为 0.072，菌株 G1 对萘普生的降解率为 78.62%；接种量为 20% 时，OD_{600}
为 0.064，菌株 G1 对萘普生的降解率为 75.16%；接种量为 30% 时，OD_{600} 为 0.048，
菌株 G1 对萘普生的降解率仅为 52.45%。对比发现，除第一组外，其他 4 组中菌
株 G1 的生长量并无太大差异。而对萘普生的降解效能的变化说明当接种量过大
时，菌株 G1 会快速生长，进而快速消耗培养基中的营养物质。综上所述，可以
确定菌株 G1 的最适接种量为 10%。

对比国内外同类萘普生降解菌株可以看出（表 4-7），菌株 G1 的优势在于其
降解条件是以萘普生为唯一碳源而非共代谢条件。

表 4-7　菌株 G1 与其他萘普生降解菌株对比

菌株	菌属	转化率/%	是否为共代谢
木聚糖微杆菌 G1	木聚糖微杆菌	50～90	否
苏云金芽孢杆菌 B1	苏云金芽孢杆菌	20～90	是
寡养单胞菌嗜麦芽菌 KB2	寡养单胞菌嗜麦芽菌	28～78	是
假单胞菌 S5	假单胞菌	30～88.36	是

4.4.4　萘普生降解菌底物光谱性

菌株 G1 的底物广谱性探究，不但可以延伸菌株 G1 的作用，而且可以为后续

实验做准备，对探究菌株 G1 对萘普生的降解途径而言，也可以作为一个参考对照。表 4-8 中将菌株 G1 对 8 种难降解有机物的利用情况进行了列举。

表 4-8 菌株 G1 的底物广谱性

底物	结果	底物	结果
布洛芬	+	咔唑	−
磺胺嘧啶	−	卡马西平	+
磺胺甲基异噁唑	−	磺胺甲基嘧啶	−
3-氨基-5-甲基异噁唑	+	青霉素	−

注："+"表示生长良好；"−"表示不生长。

菌株 G1 除降解萘普生外，还可以利用布洛芬、3-氨基-5-甲基异噁唑及卡马西平这三种物质作为唯一碳源生长。前期研究鉴定菌株 G1 为一株革兰氏阳性菌，众所周知，大多数革兰氏阳性菌都对青霉素敏感，青霉素通过抑制细菌细胞壁四肽链和五肽交联桥的结合，进而阻碍细胞壁合成，而这决定了菌株 G1 无法在含有青霉素的培养基中生长繁殖。除此之外，磺胺二甲基嘧啶、磺胺嘧啶、磺胺甲基嘧啶属于磺胺类物质，其结构中含有嘧啶环，菌株 G1 无法降解此类物质，从而推测菌株 G1 无法分解嘧啶环，且磺胺类药物具有药物活性，不易被降解。

4.4.5 萘普生降解菌动力学特征

菌株细胞的生化反应动力学包括生长动力学与降解动力学，生长动力学是指菌株自身生长增殖的动力学，即生物量随底物浓度的变化情况；降解动力学是指菌株利用的底物的消耗动力学，即底物降解速率随浓度的变化情况[18]。

菌株 G1 的生长量随着萘普生浓度的增大而升高，当萘普生的浓度增高到 100mg/L 以上时，菌株 G1 的生长逐渐缓慢，但整体看来，菌株 G1 仍在持续生长，且依旧能保持一个较高的生长代谢活性，说明底物浓度对菌株 G1 的生长抑制程度不算太高，菌株 G1 的生长随萘普生浓度变化情况见图 4-12。

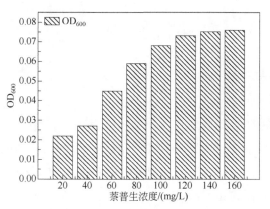

图 4-12　菌株 G1 的生长量随萘普生（NPX）浓度的变化关系

　　菌株 G1 体内产生的诱导酶催化了多种复杂的生化反应，这类反应便是菌株 G1 降解萘普生这一过程的实质。在整个反应过程中，萘普生的降解速率可以利用模型来进行定量描述。为了对菌株 G1 的生长-降解动力学进行更为深入的探讨，这一部分通过实验研究了菌株 G1 在最适生长-降解条件下对不同浓度萘普生的利用情况，以及在这些条件下菌株 G1 的生物量增长情况。实验结束后通过数学模型对数据进行模拟，分析菌株 G1 的生长-降解动力学。

4.4.5.1　菌株 G1 在不同初始萘普生（NPX）浓度中的生长动力学

　　对菌株 G1 的生长规律进行了探究，液体培养基中加入不同浓度（50mg/L、100mg/L、150mg/L、200mg/L、250mg/L、300mg/L、350mg/L、400mg/L）的萘普生，定时取样，时间间隔设置 12h，利用 OD_{600} 代表样品生物量，同过数据分析计算出菌株 G1 的比生长速率。在 Origin 软件中对得到的比生长速率进行 Logistic 模型拟合，所得结果可以准确地表征萘普生浓度和菌株 G1 的生长繁殖。

　　动力学模型包括正规模性、拟合模型和数学机制模型。经过综合考虑，菌株 G1 生长动力学部分采用数学机制模型来拟合。最小二乘法可以用最简的方法求取未知数据，并使这些数据与真实数据之间误差的平方和为最小。所以可以用最小二乘法对所测数据进行函数匹配，以得到模型中对应参数。依此便可利用数学公式对菌株 G1 在不同初始萘普生浓度下的生长规律进行描述。单位质量的菌体细胞在单位时间内的生长速度被称为比生长速率，即：

$$\mu = \frac{\ln x - \ln x_0}{t} \tag{4-1}$$

式中　x_0——初始菌液浓度；

　　　t——培养时间；

　　　x——t 时刻的菌液浓度。

Logisitic 模型表示在底物抑制条件下或有限空间内菌体细胞浓度与时间的关系，若菌体的生长曲线呈"S"形，则可以用 Logistic 模型对其进行定量描述。

Logistic 模型方程式如下：

$$\frac{\mathrm{d}x}{\mathrm{d}t} = \frac{x_{\max}}{1 + e^{\mu_{\max}(t_{\max} - t)}} \tag{4-2}$$

式中　$x_{\max}$——菌体最大浓度；

　　　$\mu_{\max}$——最大比生长速率；

　　　$t_{\max}$——达到最大比生长速率所用的时间。

在不同浓度的萘普生液体筛选培养基中接种菌株 G1，定时取样，用测定的 OD_{600} 值代表样品生物量，将所得数据绘制成时间-生物量曲线，菌株 G1 在不同初始萘普生（NPX）浓度条件下生长情况如图 4-13 所示。

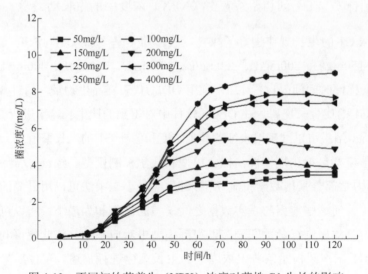

图 4-13　不同初始萘普生（NPX）浓度对菌株 G1 生长的影响

在培养的前 12h，菌种 G1 处于生长迟缓期，此时菌株 G1 在体内合成必需的 RNA 和蛋白质，以此来适应新的生长环境。12~60h 进入对数生长期，可在图 4-13 中看到菌株 G1 的生长曲线开始明显上升，这一时段内菌株 G1 可以大量利用培养基中的萘普生作为唯一碳源进行自身的新陈代谢与生长；60h 后菌株 G1 的繁殖速率开始下降，死亡速率逐步上升，即培养基中的菌株 G1 开始出现了菌体的死亡，但是由于 OD_{600} 值中包括活菌和死菌的总量，所以从图 4-13 并不能看出生物量下降的明显趋势。到培养后期，营养物质的缺乏、生存空间的减少都限制了菌株 G1 的生长，此时菌株 G1 进入衰亡期。整个培养过程中菌株 G1 的生长曲线呈 "S" 形，符合 Logistic 模型的拟合要求，所以可以利用 Logistic 模型对不同初始萘普生浓度中的菌株 G1 的生长规律进行定量描述。

利用 Origin 软件中的线性关系求出每一条曲线的斜率，利用 Logistic 模型对其进行拟合，结果汇总为表 4-9。由该表可以看出，当初始萘普生浓度低于 250mg/L 时，随着萘普生浓度的升高，菌株 G1 的比生长速率也随之升高。当初始萘普生浓度升至 300mg/L 时，菌株 G1 的增长速率开始趋于平缓，不再快速上升。通过计算可知，在初始萘普生浓度为 50~400mg/L 时，菌株 G1 的平均比生长速率为 $0.88h^{-1}$。

表 4-9　Logistic 模型拟合参数

初始萘普生（NPX）浓度/(mg/L)	最大比生长速率/h^{-1}	达到最大比生长速率所用的时间/h	平均最大比生长速率/h^{-1}
50	0.047	36.221	
100	0.055	36.336	
150	0.067	34.264	
200	0.085	36.716	
250	0.098	40.829	0.088
300	0.112	43.037	
350	0.116	43.517	
400	0.122	43.612	

根据拟合结果给出的参数值，菌株 G1 在不同初始萘普生（NPX）浓度下的生长动力学方程如表 4-10 所列。

表 4-10　菌株 G1 在不同初始萘普生（NPX）浓度下的生长动力学方程

初始萘普生（NPX）浓度/(mg/L)	Logistic 方程拟合	R^2
50	$y = \dfrac{0.121}{1 + e^{3.429-0.0047x}}$	0.995
100	$y = \dfrac{0.143}{1 + e^{4.125-0.0055x}}$	0.998
150	$y = \dfrac{0.159}{1 + e^{4.594-0.067x}}$	0.993
200	$y = \dfrac{0.169}{1 + e^{6.635-0.085x}}$	0.985
250	$y = \dfrac{0.238}{1 + e^{7.746-0.098x}}$	0.992
300	$y = \dfrac{0.223}{1 + e^{9.392-0.112x}}$	0.999
350	$y = \dfrac{0.225}{1 + e^{9.917-0.116x}}$	0.996
400	$y = \dfrac{0.339}{1 + e^{10.767-0.122x}}$	0.995

　　将不同初始萘普生浓度下所培养的菌液浓度与时间的变化关系进行 Logistic 方程拟合，得到的方程 R^2 均大于 0.98，表明可信度较高，拟合程度较好，这也说明了菌株 G1 在不同初始萘普生浓度下的生长情况与时间的变化关系是可以用 Logistic 方程进行定量描述的。通过 Logistic 方程的拟合，可以得到式（4-3），且拟合得到的方程 R^2=0.991，表示拟合程度较好，该结果表明菌株 G1 的最大比生长速率为 0.044h^{-1}。

$$y = \frac{0.044}{1 + e^{0.170-0.003x}} \tag{4-3}$$

4.4.5.2　菌株 G1 在不同初始萘普生（NPX）浓度中的降解动力学

　　微生物在废水中以有机污染物作为碳源或者氮源进行生长代谢，在一系列酶的催化下完成多种生化反应，这便是微生物处理环境废水的本质，对于菌株 G1 降解萘普生也是如此。本部分中对菌株 G1 在不同初始萘普生浓度中的降解动力学进行探究，实际上是通过实验确定菌株 G1 对不同浓度萘普生的降解情况。目前，用来模拟菌体细胞动力学的方程模型主要有结构模型和非结构模型，莫诺德（Monod）方程作为一种典型的非拟合模型，在污水处理研究中十分具有代表性。

Monod 方程是由法国微生物学家莫诺德于 1942 年提出的，他在进行细菌在不同浓度单一底物下的纯培养试验时发现，菌体细胞的生长速率随着底物中有机物浓度的变化出现了有规律的变化。其方程式如式（4-4）所示。

$$\mu = \mu_{max} \frac{S}{K_s + S} \tag{4-4}$$

式中　S——单一限制性底物的浓度；

　　　K_s——半饱和常数，当 $\mu = 1/2\mu_{max}$ 时的底物浓度；

　　　μ——微生物的比生长速度。

Monod 方程的拟合存在以下 3 个前提条件：

① 菌体细胞生长过程中仅以底物浓度作为唯一限制性因素，其他条件必须保持不变；

② 菌体生长为单一反应，过程简单、均衡生长，所以在进行拟合时要忽略菌体的细胞内部结构；

③ 菌体必须在单一底物的培养基中进行生长。

通过 Lawrence 和 Mccarty 等对 Monod 方程的改进，使得 Monod 方程能更清晰地表述污水处理过程中微生物的降解过程，经改进的方程对底物浓度与底物的比降解速率进行了方程式定量描述，即对底物的比降解速率提出了新的概念。其方程式如式（4-5）～式（4-7）所示：

$$V = V_{max} \frac{S}{K_s + S} \tag{4-5}$$

$$V = -\frac{1}{x} \frac{dS}{dt} = \frac{d(S_0 - S)}{xdt} \tag{4-6}$$

$$-\frac{dS}{dt} = V_{max} \frac{xS}{K_s + S} \tag{4-7}$$

式中　K_s——半饱和常数，当 $V = 1/2V_{max}$ 时底物的浓度；

　　　V_{max}——最大比降解速率；

　　　V——时间为 t 时底物的比降解速率。

Monod 方程在应用过程中具有一定的局限性，例如在微生物降解污水中难降解有机物的过程中，底物浓度过高、有毒中间产物的生产累积等因素会抑制微生物的细胞代谢作用，从而减缓降解速率。针对这一特性，Andrews 等提出了补充：利用 Haldane 方程进行改进，得到如下方程：

$$\mu = \mu_{\max} \frac{S}{K_s + S + \dfrac{S^2}{K_i}} \tag{4-8}$$

式中　μ——微生物比生长速率；

　　K_i——抑制系数；

　　$\mu_{\max}$——最大比生长速率；

　　K_s——微生物生长的半饱和系数。

设置不同的初始萘普生浓度，配制液体培养基，向培养基中接种等量的休眠细胞，定时取样，测定样品中的萘普生浓度。用所得数据绘制时间-浓度关系曲线。利用 Origin 对每条曲线进行线性拟合，得到斜率，再将所得数据进行 Haldane 拟合，就可以得到比降解速率随初始萘普生浓度的变化关系方程式。菌株 G1 对不同初始萘普生浓度的降解情况如图 4-14 所示。

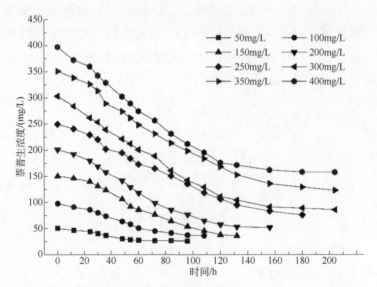

图 4-14　菌株 G1 休眠细胞对不同浓度萘普生（NPX）的降解情况

当初始萘普生浓度低于 200mg/L 时，随着其初始浓度的提高，菌株 G1 对萘普生的降解速率也逐步提高，且菌株 G1 可在 120h 内降解 60%以上的萘普生。当初始萘普生浓度升高至 250mg/L 后，菌株 G1 对萘普生的降解率开始降低，降解速率也随之变得缓慢。利用 Haldane 方程对菌株 G1 降解萘普生的比降解速率与初始萘普生浓度进行拟合，结果如图 4-15 所示。

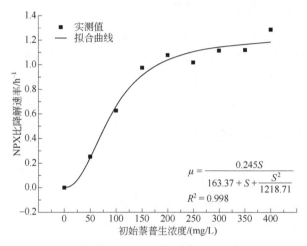

图 4-15　菌株 G1 对底物萘普生（NPX）比降解速率与初始萘普生浓度的关系

菌株 G1 对萘普生的比降解速率与初始萘普生浓度的变化关系符合 Haldane 方程：随着初始底物浓度升高，菌株 G1 对萘普生降解速率也在提高，但当萘普生浓度高于 250mg/L 时，萘普生的比降解速率基逐渐趋于平缓。利用 Haldane 方程对此关系进行拟合，得到 $\mu_{max} = 0.245h^{-1}$，$K_s = 167.37mg/L$，不同初始萘普生浓度下菌株 G1 对萘普生的降解动力学方程为：

$$\mu = \frac{0.245S}{163.37 + S + \dfrac{S^2}{1218.71}} \tag{4-9}$$

4.4.6　小结

本章从活性污泥中筛选出了一株萘普生降解菌，命名为 G1，通过对菌株 G1 的形态观察、菌属鉴定以及对其最适生长环境和动力学的探究得出以下结论。

① 从驯化的污泥中筛选到一株萘普生降解菌 G1，经过 16S rRNA 测序，鉴定菌株 G1 为 *Microbacterium xylanilyticum*。菌株 G1 还能利用一些其他的化合物，如布洛芬、3-氨基-5-甲基异噁唑及卡马西平等作为唯一碳源和能源生长。

② 通过实验确定了菌株 G1 的最适生长条件：温度 30℃，pH=7.0，摇床转速 150r/min，接种量为 10%。同时确定了菌株 G1 在最适生长条件下的生长情况及对萘普生的降解情况，并绘制生长-降解曲线。

③ 利用数学方程对菌株 G1 的生长动力学进行模型的构建，菌株 G1 的最大比生长速率为 $0.044h^{-1}$。用 Haldane 方程构建了菌株 G1 的降解动力学模型，菌株 G1 最大比降解速率为 $\mu_{max}=0.245h^{-1}$，半饱和常数为 $K_s=167.37mg/L$。

4.5 萘普生降解途径

4.5.1 实验部分

近年来，研究人员侧重于研究真菌对萘普生的微生物降解，仅分离出少量的细菌菌株用于萘普生的生物降解，如表 4-11 所列，这些细菌主要来自假单胞菌属、鞘氨醇单胞菌属、帕氏杆菌属、诺卡氏菌属、红球菌属和寡养单胞菌属等。

表 4-11　萘普生的降解菌株

类型	菌株	菌属	转化率/%
真菌	小克银汉霉菌（*Cunninghamellablakesleana*）	小克银汉霉属（*Cunninghamella*）	100
	Cunninghamella elegans		100
	Cunning-hamella echinulata		29
	P.金黄色葡萄球菌（*P.chrysosporium*）（ATTC 24725）	黄孢平革菌（*Phanerochaete chrysosporium*）	97
	云芝（*T.versicolor*）	云芝（*Trametes versicolor*）	47～76.3
细菌	苏云金芽孢杆菌 B1	苏云金芽孢杆菌（*Bacillus thuringiensis*）	20～90
	嗜麦芽寡养单胞菌 KB2	嗜麦芽寡养单胞菌	28～78
	假单胞菌 S5	假单胞菌	30～88.36

萘普生结构复杂，纯菌株对萘普生的生物降解作用尚未被阐明，微生物降解萘普生较为困难，到目前为止筛选到的萘普生降解菌很少，对萘普生的生物降解途径研究更少，因此对菌株 G1 进行中间产物鉴定、推测萘普生在菌株 G1 作用下的生物降解途径显得尤为重要，深入挖掘微生物降解萘普生的机理将为提高生物法去除水环境中萘普生药物奠定理论基础，为实现生物法高效降解萘普生类污染物提供技术支持。

（1）实验仪器

气相质谱色谱联用仪。

（2）实验方法

首先制备菌株 G1 的休眠细胞：在无菌条件下，将固体培养基中的单菌落挑取至液体筛选培养基中，放入摇床，设置温度 30℃，摇床转速 150r/min。待菌株生长进入对数生长期，在无菌条件下将其接种至液体富集培养基，放入摇床，设置温度 30℃，摇床转速 150r/min，培养 5～7d，将菌液分装至 50mL 离心管中，10000r/min 条件下离心 10min，弃去上清液，加入 PBS 后振荡混匀，10000r/min 条件下离心 10min，PBS 冲洗 2～3 次，最后加入 PBS，将菌体制成悬浊液，即休眠细胞，OD_{600} 值约为 1.0，置于 4℃冰箱保存。

然后制备 12 组萘普生液体培养基，每组 100mL，萘普生浓度设置为 100mg/L，向 12 组培养基中分别接种等量的休眠细胞悬浊液，在最适生长条件下分别培养 3h、6h、9h、12h、18h、24h、30h、36h、48h、60h、72h 和 96h，将培养后的菌液进行混合，在 40℃、82 r/min 的条件下旋转蒸发至约 30mL。之后进行衍生化处理，将处理所得样品进行 GC-MS 检测，对比谱库推断萘普生降解的中间产物。

① 菌株 G1 代谢产物的衍生化方法：取 4d 内不同时段的降解液进行检测，离心 10min，离心机转速设置 10000r/min，离心结束后收集清液。将收集的上清液加入等体积的乙酸乙酯进行 5min 的振荡萃取，萃取后收集乙酸乙酯，这一操作进行 3 次，将收集到的乙酸乙酯进行旋转蒸发，转速设置为 82r/min，旋蒸至圆底烧瓶内乙酸乙酯剩余 5mL 左右停止，随后用移液管将剩余乙酸乙酯转移至玻璃管，用 N_2 吹干，先后向管中加入 100μL 的 BSTFA 和 100μL 的吡啶，密封玻璃管，移至烘箱进行高温反应，温度设置为 85℃，反应时间 1h。取出玻璃管后待其冷却

至室温，继续用 N_2 吹干。向玻璃管内滴加 1mL 乙酸乙酯进行复溶，边滴加边振荡，玻璃管中物质完全溶解后用移液管移至色谱小瓶待测。

② 气相色谱质谱（GC-MS）条件：质谱使用 Agilent6890/5975 仪器。离子源以电子电离模式（EI；70eV，230℃）操作。记录全扫描质谱图（m/z 40~800）以鉴定中间产物。用带有交联的 5%苯基甲基硅氧烷（DB-5）的 HP 熔融石英毛细管柱进行分离。色谱柱的长度约为 30m，内径为 0.25mm，膜厚为 0.25μm。样品以不分流的方式进样，He 流速为 1.0mL/min。操作参数如下：进样口温度 310℃；传输线温度 300℃；程序升温为从 140℃以 12℃/min 的速率升温至 320℃（保留时间 10min）[19]。

4.5.2 萘普生降解菌降解萘普生的中间产物

气相色谱-质谱（GC-MS）的检测限能够达到 ppb（10^{-9}）、甚至 ppt（10^{-12}）的浓度级别[14]，由于其抗干扰性强且灵敏度极高，所以常用 GC-MS 对目标物进行定性定量分析。本部分对菌株 G1 降解萘普生的不同时段的样品进行了收集，经硅烷衍生化后进行 GC-MS 分析，以确定菌株 G1 降解萘普生的中间产物。

离子流图所中出现了 3 个产物峰（如图 4-16~图 4-18 所示），保留时间分别为 10.840min、12.997min、14.765min，在 NIST2.0 中检索这 3 个峰对应的质谱图，初步判定分别为 2-乙烯基-6-甲氧基萘、2-乙酰基-6-甲氧基萘和 3,4-二甲氧基-苯甲醇。

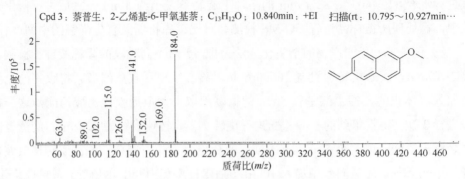

图 4-16　产物 1 的质谱图及与之匹配度较高的物质

图 4-16 中是保留时间为 10.840min 的物质，谱图中核质比 $m/z=185$ 处出现了很高的峰值，通过在 NIST2.0 谱库中的检索，确定与其匹配度最高的物质为 2-乙烯基-6-甲氧基萘，其匹配度为 88.5%。由此可以推断，保留时间为 10.840min 时的物质为 2-乙烯基-6-甲氧基萘。

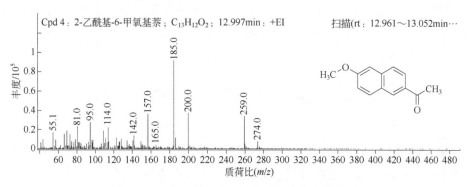

图 4-17　产物 2 的质谱图及之匹配度较高的物质

图 4-17 中是保留时间为 12.997min 的物质，谱图中核质比 $m/z=184$ 处出现了很高的峰值，通过在 NIST2.0 谱库中的检索，确定与其匹配度最高的物质为 2-乙酰基-6-甲氧基萘，其匹配度为 85.1%。由此可以推断，保留时间为 12.997min 时的物质为 2-乙酰基-6-甲氧基萘。

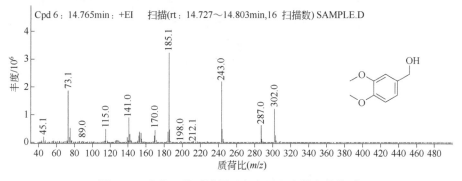

图 4-18　产物 3 的质谱图及与之匹配度较高的物质

检测到保留时间为 14.765min 的物质见图 4-18，谱图中核质比 $m/z=185.1$ 处出现了很高的峰值，通过在 NIST2.0 谱库中的检索，确定与其匹配度最高的物质为 3,4-二甲氧基-苯甲醇，但对比结果的匹配度仅为 37.1%，因此该物质是否为萘普生生物降解的中间产物还有待进一步证实。

通过质谱谱图以及 NIST17.L 谱库可得到如表 4-12 所列的化合物。

表 4-12 化合物列表

保留时间/min	化合物名称	DB 分子式	匹配（DB）	分数（谱库）	谱库
10.84	2-乙烯基-6-甲氧基萘（naphthalene, 2-ethenyl-6-methoxy）	$C_{13}H_{12}O$	4	94.05	NIST17.L
12.997	2-乙酰基-6-甲氧基萘（2-acetyl-6-methoxynaphthalene）	$C_{13}H_{12}O$	3	94.14	NIST17.L
14.765	3,4-二甲氧基-苯甲醇（benzalcohol-3,4-dimethoxy）	$C_9H_{12}O_3$	6	93.12	NIST17.L

由中间产物推测，萘普生上的羧基经氧化脱去二氧化碳，生成 2-乙烯基-6-甲氧基萘，2-乙烯基-6-甲氧基萘被水氧化后生成 2-乙酰基-6-甲氧基萘，再度氧化至萘开环，变为 3,4-二甲氧基-苯甲醇。可以初步推断出萘普生的降解途径如图 4-19 所示。

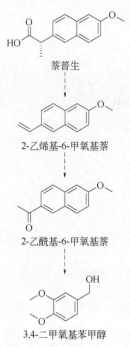

图 4-19 菌株 G1 降解萘普生（NPX）的途径

4.5.3　萘普生的矿化分析

本小节中需要测定不同时期菌液中的总有机碳（TOC）。总有机碳是指水中水解性和悬浮性有机物含碳的总量[20]。通过前述研究内容可知，当菌株 G1 接种到筛选培养基后，以萘普生为唯一碳源菌进行生长代谢，随着反应的进行，培养基中菌株 G1 的生物量逐渐增大，萘普生的浓度也会随之下降。因此，为探究菌株 G1 对萘普生的矿化情况，需要对菌液定时取样，观察菌液中总有机碳的变化趋势以及萘普生的降解情况。

随着反应的进行，菌株 G1 大量利用培养基中的萘普生进行生长代谢，由于接种量较大，所以反应前期培养基中萘普生的浓度迅速下降，但是总有机碳（TOC）的变化情况并不明显，下降趋势也较为缓慢，其趋势如图 4-20 所示。

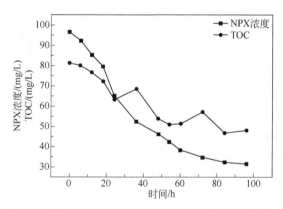

图 4-20　萘普生（NPX）降解过程中总有机碳（TOC）的变化情况

24h 后，总有机碳（TOC）出现了上升现象，推测是由于培养基中萘普生浓度逐渐下降，不足以提供菌株 G1 所需营养物质，所以出现了菌体自溶，导致菌株 G1 胞内物质溶出。因此可以推断，菌株 G1 可以将萘普生部分矿化。

4.5.4　小结

本章运用现代检测手段 GC-MS 对菌株 G1 降解萘普生（NPX）的中间产物

进行了鉴定，推测了菌株 G1 降解萘普生可能的途径。通过对不同时段降解液的 GC-MS 分析，鉴定出萘普生的中间产物，分别为 2-乙烯基-6-甲氧基萘、2-乙酰基-6-甲氧基萘和 3,4-二甲氧基-苯甲醇。推测萘普生可能的降解途径为萘普生上的羧基经氧化脱去二氧化碳，生成 2-乙烯基-6-甲氧基萘，2-乙烯基-6-甲氧基萘被水氧化后生成 2-乙酰基-6-甲氧基萘，再度氧化至萘开环，变为 3,4-二甲氧基-苯甲醇。并可知菌株 G1 可以将萘普生部分矿化。

参 考 文 献

[1] Ahmed M B, Zhou J L, Ngo H H, et al. Progress in the biological and chemical treatment technologies for emerging contaminant removal from wastewater: A critical review[J]. Hazard Mater, 2017, 3(23): 274-298.

[2] 吕婧, 封莉, 张立秋. 不同活性炭对水中微量药物萘普生的吸附规律研究[J]. 环境科学学报, 2012, 32(10): 244 -2449.

[3] 寇晓康, 陈敏, 王槐三, 等. 树脂吸附法处理萘普生和二氯氟苯生产废水的研究[J]. 四川大学学报(工程科学版), 2000, 2(5): 58-61.

[4] Samir C, P, Leonard J M, Githinji, et al. Sorption Behavior of Ibuprofen and Naproxen in Simulated Domestic Wastewater[J]. Water Air and Soil Pollution, 2014, 4(2): 225-1821.

[5] 陈依玲, 刘国光, 姚琨, 等. 紫外光照处理低浓度萘普生废水[J]. 环境工程学报, 2013, 7(02): 473-476.

[6] 黎展毅, 刘国光, 金小愉, 等. 水体中 N、Fe 的存在形态对萘普生光解行为的影响[J]. 环境科学学报, 2017, 37(07): 2623-2631.

[7] Mendez-Arriaga, Fabiola, J. Giraenez, et al. Photolysis and TiO_2 Photocatalytic Treatment of Naproxen: Degradation, Mineralization, Intermediates and Roxicity[J]. Journal of Advanced Oxidation Technologies, 2008, 11(3): 435-444.

[8] Klavarioti M, Mantzavinos D, Kassinos D. Removal of residual pharmaceuticals from aqueous systems by advanced oxidation processes[J]. Environment International, 2009, 35(2): 402-417.

[9] Esplugas S, Bila D M, Krause L G T, et al. Ozonation and advanced oxidation technologies to remove endocrine disrupting chemicals (EDCs) and pharmaceuticals and personal care products (PPCPs) in water effluents[J]. Journal of Hazardous Materials, 2007, 149(3): 631-642.

[10] Klacarioti M, Mantzavinos D, Kassinos D. Removal of residual pharmaceuticals from aqueous systems by advanced oxidation processes[J]. Environment International, 2009, 35(2): 402-414.

[11] Nakada, Norihide. Remmoval of selected pharmaceuticals and personal care products (PPCPs) and endocrine-disrupting chemicals (EDCs) during sand filtration and ozonation at a municipal sewage treatment plant[J]. Water Research ,2007, 4(9): 4373-4382.

[12] 佟玲, 熊振湖, 范志云. 水溶液中萘普生的光催化降解及产物的毒性评价[J]. 环境污染与防治, 2009, 31(09): 23-26.

[13] Villanueva-Rodríguez, Minerva, Bello-Mendoza, et al. Degradation of anti-inflammatory drugs

in municipal wastewater by heterogeneous photocatalysis and electro-Fenton process[J]. Environ Technol, 2018, 4(2): 12.

[14] Cpp A, Jose E C, Lao A R, et al. Reaction networks and kinetics of biochemical systems[J]. Mathematical Biosciences, 2016, 283: 13-29.

[15] 程池, 杨梅, 李金霞, 等. Biolog 微生物自动分析系统——细菌鉴定操作规程的研究[J]. 食品与发酵工业, 2006, 4(05): 50-54.

[16] 付袁芝. 磺胺二甲基嘧啶降解菌的筛选及降解特性研究[D]. 哈尔滨: 哈尔滨工业大学, 2018: 45.

[17] 李幼筠, 周逦. 泡菜酿造剖析[J]. 中国酿造, 2013, 32(03): 1-7.

[18] 蔡蕊. 低温卡马西平降解菌的筛选及降解特性研究[D]. 哈尔滨: 哈尔滨工业大学, 2012: 5-6.

[19] Katarzyna Nosek, Katarzyna Styszko, Janusz Golas. Combined method of solid-phase extraction and GC-MS for determination of acidic, neutral, and basic emerging contaminants in wastewater (Poland)[J]. International Journal of Environmental Analytical Chemistry, 2014, 9(4): 961-974.

[20] 周述琼, 章骅, 但德忠. 水中总有机碳测定方法研究进展[J]. 四川环境, 2006, 7(02): 111-115.

第5章

氰戊菊酯和氯氰菊酯处理新技术

5.1 氰戊菊酯和氯氰菊酯物理处理技术

5.2 氰戊菊酯和氯氰菊酯生物处理技术

5.3 氰戊菊酯和氯氰菊酯化学处理技术

5.4 超声法降解氰戊菊酯和氯氰菊酯

5.5 Fenton 试剂法降解氰戊菊酯和氯氰菊酯

5.6 超声联合 Fenton 试剂法降解氰戊菊酯和氯氰菊酯

5.7 优化降解方案及生物毒性研究

5.1 氰戊菊酯和氯氰菊酯物理处理技术

5.1.1 吸附法

拟除虫菊酯类农药可用吸附法去除，该法主要利用矿物质的物理吸附作用。环境的自净能力是减少环境有机污染物的主要途径，土壤和水体中颗粒物的吸附作用是去除拟除虫菊酯类农药的一个主要途径。经研究发现，有机质可以促进矿物质本身的吸附作用，高岭石表面存在水中腐殖质时，可以使高岭石的吸附能力大大增强[1]，对于地下缺乏有机质的蓄水层，由于氯氰菊酯等拟除虫菊酯类农药具有疏水性，因此蓄水层中的矿物质如石英、高岭石对其吸附与降解起着重要作用[2]。Domingues 等[3]在研究中发现，软木对联苯菊酯有吸附作用，因此，软木废料可以回收利用，并代替活性炭用作廉价的天然吸附剂降解水体中的各种农药残留。

5.1.2 混凝沉淀法

国内大多数村镇水厂的给水处理工艺是常规混凝、沉淀、过滤、消毒，并且在有些偏远地区水厂，这 4 个处理工艺尚不健全，因此大多数村镇水厂均通过常规混凝沉淀法去除水中拟除虫菊酯农药[4]。常规混凝沉淀对浊度、大颗粒悬浮物有一定去除效果，但是对其他污染物尤其是水中拟除虫菊酯农药的去除率较低。

5.1.3 辐射处理法

目前，较先进的辐射技术常应用于环境保护与治理，其中各国学者也一直为利用辐射处理法降解农药的研究努力着[5]。辐射处理技术降解有机污染物会生成氧化能力较强的活性自由基粒子，这些粒子可以有效彻底地降解有机污染物，而且有害副产物较少[6]。但该方法成本较高，不适用于一般水厂的给水处理。

5.1.4　膜分离法

按不同的膜相结构性质，膜处理技术分为固相膜和液相膜两类[7]。目前水处理中，电渗析（ED）、反渗透（RO）与超滤（UF）是较常用的膜分离技术。膜分离技术的主要优点包括装置易组建、运行条件温和、对污染物去除效果较好和适用范围广，但它的缺点也很明显，如造价高、能耗高，尤其是对于村镇水厂膜分离技术很难推广。

5.2　氰戊菊酯和氯氰菊酯生物处理技术

生物处理技术是拟除虫菊酯类农药降解的主要途径，其机理是通过生物氧化作用及其他的生物转化作用，将难降解的拟除虫菊酯类农药大分子变成简单的小分子[8]。常见的能降解拟除虫菊酯类农药的生物有：微生物、植物、哺乳动物、昆虫、水生生物等。生物降解主要分为微生物降解和植物降解两大部分。其中，微生物降解法在生物降解法中占主要地位，其具有效率高、毒性低等优点。已有实验表明，从土壤中分离出来可以降解氯氰菊酯的菌株，可以通过拆分氯氰菊酯的分子结构从而达到降解的目的[9]。

5.3　氰戊菊酯和氯氰菊酯化学处理技术

5.3.1　光降解法

光降解是拟除虫菊酯在环境中迁移转化的一个重要途径，它是指农药分子在光的照射下吸收能量使分子键断裂从而降解的过程。农药被施用后，无论是存在于植物表面、空气、土壤还是水体中都会在太阳光的照射下降解。光降解是环境中最常见的降解方式，其降解速率比生物降解、水解都快。农药的光降解特性也决定着农药在环境中的有效性和残留性，已有研究证明了拟除虫菊酯农药在环境中光解的重要性[10,11]。Liu 等[12]通过模拟自然光照射研究拟除虫菊酯的降解情况，结果表明其降解遵循一级动力学过程，受光照强度和光照时间的影响较大。赵华等[13]在光照强度为 5100～102000lx 的自然光照射下研究了 2 种不同土壤中甲氰菊酯的光降解情况，结果表明相同浓度的甲氰菊酯在不同土壤中的降解半衰期分别为杭州粉土 4.46h、桐乡黏土 3.51h。张晓清等[14]研究了太阳光下 4 种农药的降解特性，发现环戊烯丙菊酯、六六六、三唑磷和甲基毒死蜱 4 种农药在太阳光下的光解半衰期分别为 1.51h、9.90h、9.90d 和 13.86d，环戊烯丙菊酯的光降解性明显比其他 3 种农药强。刘芃岩等[15]以砂土为基质，研究了不同环境因素（样品与光源的距离、砂土厚度、pH 值及含水量、腐殖酸）对氯菊酯在土壤表层的光降解规律，在提取效率为 77.35%～96.02%的基础上，结果表明在距离灯源 5～20cm 之间，随着距离的变远，氯菊酯的降解率降低得很快，在 20cm 以外，距离变远对降解率影响不大；在比较 1g 和 2g 土壤铺开相同面积时，土壤厚度对降解率的影响为：在光解 90min 时，2g 土壤降解率达到了 96.75%，1g 土壤降解率为 74.65%，表明 2g 土壤存在光不能穿透的部分，导致降解率降低。土壤含水量对表层氯菊酯的光降解影响不大；腐殖酸质量分数在 20mg/kg 以内时，腐殖酸浓度越高，氯菊酯降解率越大，当质量分数超过 20mg/kg 时，降解率减小，原因可能是腐殖酸也能吸收光子。张贵森等[16]通过制备不同壁材的 10%高效氯氰菊酯微囊悬浮剂，研究其在紫外光和自然光下的分解作用。研究表明在紫外光照射下，光降解率的大小顺序为高效氯氰菊酯原药＞10%的乳油＞不同壁材的微囊悬浮剂；在自然光下降解规律与紫外光下基本相同，但降解速率明显低于紫外光下的降解速率。

5.3.2　超声降解法

超声降解法，即利用超声波优化实验条件对有机物进行降解的方法。超声波是指频率高于 20kHz 的声波，常用于辅助降解水中有机污染物，可以起到加速催化作用。超声是一种具有弹性机械波的物理介质，频率超出人耳的听觉范围，故名超声波。19 世纪 30 年代，超声波的发现使人类进程又向前迈了一大步，从 1830 年 Savrt 用齿轮第一次产生 24kHz 的超声开始[17]，到 1883 年 Galton 首次研究出人造超声波换能器[18]，超声波技术逐渐进入环境污染物降解、化学处理、仪器清洗等领域，随着科学家的探索，超声波也逐渐成为一门科学，即声化学。

超声波的具体应用可以分为低频高强度、高频低强度两种。

低频高强度的超声波可以使能量聚集，由于超声波功率达到几千瓦时可导致液体介质剧烈波动而变形直至发生化学裂解，这种强度的超声波已经有学者研究。

高频低强度的超声波功率范围很宽，功率为数微瓦，应用领域为超声波检测方面[19,20]。

短波长的超声波可以优化实验条件，加快反应速率，将高级氧化技术与热降解、超临界氧化技术的能量聚集，可实现难降解有机物的降解。超声波降解有机污染物具有操作简单方便、不产生二次污染、降解效率高、反应迅速、超声机占地面积小、构造简单等优点，是目前比较有前途的高级氧化降解法[21]。

超声波降解有机污染物的原理是空化作用[22]，空化作用是液体中一种极其复杂的反应过程，即超声波将液体内的微小泡核激化，液相分子的吸引力被打破，在超声波的负压相作用下形成空化小泡，随后在超声波的正压相作用下，微小泡核在振荡过程中收缩直至崩溃，超声空化微小泡的周围空间极其小，此时，超声的高温达到 5000K 以上，高压大约为 5×10^7 Pa，温度变化率高达 109 K/s，这一系列声化学动力学过程就是超声空化作用[23]。然而，整个过程极其短，大约在几微秒甚至几纳秒内完成，空化小泡在急剧的由生长到崩溃的过程中产生大量内能，达到瞬时高温高压，这样的极端条件使复杂有机物分子的化学键断裂，发生水相燃烧、高温分解或者自由基反应，达到降解效果。

超声的降解机理主要是直接热解和羟基自由基的氧化作用，空化作用一方面可以使有机物化学键断裂；另一方面空化作用产生的高温高压条件可以使羟基自由基氧化成更高电位态，发生如下反应[24,25]：

$$H_2O \longrightarrow \cdot OH + \cdot H$$

$$\cdot OH + \cdot OH \longrightarrow H_2O_2$$

$$\cdot H + \cdot H \longrightarrow H_2$$

上述反应式中，生成的 H_2O_2 与 $\cdot OH$ 都具有很强的氧化性，既可以在空化气泡周围及界面处重新结合，又可以与小气泡发生溶质作用，而且还可以与溶质发生进一步反应，从而使难降解有机物得到反应，超声的空化作用凭借这种特殊的能量形式可以加速液体内的化学反应，促进有机物的降解作用。超声空化作用在水中的物系可划分为空化气泡、空化气泡表面层和液相主体三个区域，图 5-1 为超声空化示意。

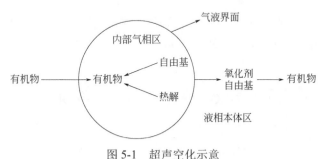

图 5-1　超声空化示意

近年来，国内外学者关注最多的就是超声波在环境水污染处理方面的研究，尤其侧重于超声降解复杂有毒的有机物。研究发现超声波对降解水中有毒有机物有一定的进展[26]，例如对卤代烃类、酚类、芳烃、苯酚、酮类、氯苯、醛类、氯代烃类有机物等进行了研究[27-29]。从 20 世纪 90 年代开始，国内外开始注重超声波在水污染控制中的应用[30]，同时也在超声降解农药废水方面做了大量的研究[31-34]，使超声波技术成为比较成熟的高级氧化法之一。

超声波降解有机物的特点是降解条件容易实现、降解速度快、适用范围广，并且可以单独应用或与其他水处理技术联合使用[35-37]，是一项集高级氧化法、超临界水氧化法等多种污水处理法为一体的高效能处理技术[38-42]。目前，超声技术在水处理上的研究已取得了较大的成果，但绝大部分的实验研究都还局限于实验室水平上。

5.3.3　芬顿法

芬顿试剂（Fenton 试剂）法是硫酸亚铁（$FeSO_4$）与过氧化氢（H_2O_2）组成

的体系，以不同配比而构成的高级氧化处理废水的方法。Fenton 试剂在水中可以形成强氧化性的羟基自由基（·OH），与水溶液中的有机物形成自由基[43]，从而使难降解有机物的化学键断裂，达到降解的效果。Fenton 试剂降解难降解有机物的原理在于：利用其超强氧化性实现对有机物的逐步氧化，反应到不能再反应为止。目前，以研究发现的 Fenton 试剂可催化分解产生·OH，进一步使有机物大分子裂解，并使其一直分解成不能再分解的小分子产物为止，即分解为 CO_2、H_2O 等无机物质，这是由 Harber 和 Weiss[44]两位科学家提出的。整个反应体系中羟基自由基（·OH）实际上是氧化剂的反应中间体，反应关系式如下：

$$Fe^{2+} + H_2O_2 \longrightarrow Fe^{3+} + OH^- + \cdot OH \tag{5-1}$$

$$Fe^{2+} + \cdot OH \longrightarrow Fe^{3+} OH^- \tag{5-2}$$

$$Fe^{3+} + H_2O_2 \longrightarrow Fe^{2+} + HO_2 \cdot + H^+ \tag{5-3}$$

$$HO_2 \cdot + H_2O_2 \longrightarrow O_2 + H_2O + \cdot OH \tag{5-4}$$

$$RH + \cdot OH \longrightarrow R \cdot + H_2O \tag{5-5}$$

$$R \cdot + Fe^{3+} \longrightarrow R^+ + Fe^{2+} \tag{5-6}$$

$$R \cdot + O_2 \longrightarrow ROO^+ \cdots \longrightarrow CO_2 + H_2O \tag{5-7}$$

Fe^{2+} 与 H_2O_2 反应相当迅速，可生成·OH，Fe^{2+} 在整个反应过程中相当于催化剂，且催化效果良好，Fe^{3+} 逐渐与难降解的有机物 RH 反应生成有机自由基 R·，而 R·进一步被氧化，使有机物的碳链结构彻底断裂，最终只剩下 CO_2 和 H_2O[45]。

随着我国经济的迅猛发展，我国的工农产业也得到飞速发展，这就大大增加了有毒及难降解有机物在环境中的富集，造成环境污染。人们将长期面临如何在提高产量的同时降低污染甚至达到无污染的问题，对于已经形成的环境污染问题，必须采取治理措施。人们的目光聚焦在高级氧化法上，Fenton 试剂是应用较为广泛的高级氧化技术，其优点在于操作过程简单易实现、反应物价廉易得到、无需其他大型设备等，已被广泛应用于染料、显相剂、防腐剂、农药等废水处理过程中，具有很好的应用前景[46-48]。

5.4 超声法降解氰戊菊酯和氯氰菊酯

5.4.1 实验部分

5.4.1.1 材料、仪器及试剂

（1）实验仪器（表 5-1）

表 5-1　超声法实验仪器

实验仪器	仪器公司
Adventurer 万分之一电子天平	OHAUS 公司
移液器	法国 Gilson 公司
标准型 PB-10 pH 计	德国 Sartorius 公司
液相	Waters 公司
超声清洗机	深圳市洁盟公司

（2）实验试剂（表 5-2）

表 5-2　超声法实验试剂

实验试剂	试剂公司
过氧化氢(30%H_2O_2)	天津市天力化学试剂有限公司
硫酸亚铁($FeSO_4$)	天津市福晨化学试剂厂
甲醇(HPLC 级)	山东禹王试剂有限公司
氢氧化钠(NaOH)	哈尔滨新春化工产品有限公司
盐酸(HCl)	哈尔滨新春化工产品有限公司
20%氰戊菊酯乳油	四川国光农化股份有限公司
5%氯氰菊酯乳油	浙江威尔达化工有限公司

5.4.1.2 实验方法

（1）模拟废水样品溶液的配置

用移液管吸取 2mL 20%氰戊菊酯乳油溶液①至 50mL 容量瓶，用甲醇定容记

为溶液②；用移液管吸取 4mL 溶液②至 100mL 容量瓶，加蒸馏水定容记为溶液③，取若干份溶液③10mL 分别装于若干个 25mL 试管中，备用，溶液 HPLC 进样前需用 0.45μm 微孔滤膜滤过[49,50]。

（2）超声时间单因素实验

超声时间是影响超声法降解有机物的重要因素，通过实验考查了超声时间对超声法降解氰戊菊酯、氯氰菊酯的影响，具体操作如下。

① 配置氰戊菊酯分析液，取 10mL 氰戊菊酯模拟废水样品 8 份，按超声温度 25℃、超声功率 90W、pH 值为 2 左右设定超声条件，将 8 份氰戊菊酯模拟废水水样超声 5min、10min、20min、40min、60min、80min、100min、120min。

② 配置氯氰菊酯分析液，取 10mL 氯氰菊酯模拟废水样品 8 份，按超声温度 25℃、超声功率 90W、pH 值为 2 左右设定超声条件，将 8 份氯氰菊酯模拟废水水样超声 5min、10min、20min、40min、60min、80min、100min、120min。

（3）超声功率单因素实验

超声功率是影响超声法降解有机物的重要因素，通过实验考查了超声功率对超声法降解氰戊菊酯、氯氰菊酯的影响，由于受实验条件的影响，选择 3 个不同的超声功率，在这 3 个不同超声功率下，按不同时间取样来表征功率对超声法降解氰戊菊酯、氯氰菊酯的影响。具体操作如下：

① 配置氰戊菊酯分析液，取 10mL 氰戊菊酯模拟废水样品 15 份，按超声温度 25℃、pH 值为 2 左右设定超声条件，选择 72W、90W、180W 3 挡功率，分别在这 3 挡功率下按不同超声时间取样：10min、20min、40min、80min、100min。

② 配置氯氰菊酯分析液，取 10mL 氯氰菊酯模拟废水样品 15 份，按超声温度 25℃、pH 值为 2 左右设定超声条件，选择 72W、90W、180W 3 挡功率，分别在这 3 挡功率下按不同超声时间取样：10min、20min、40min、80min、100min。

（4）超声温度单因素实验

超声温度是影响超声法降解有机物的重要因素，通过实验考查了超声温度对超声法降解氰戊菊酯、氯氰菊酯的影响，具体操作如下。

① 配置氰戊菊酯分析液，取 10mL 氰戊菊酯模拟废水样品 6 份，按超声 20min、

超声功率 90W、pH 值为 2 左右设定超声条件，将 6 份氰戊菊酯模拟废水水样按不同超声温度进行实验：25℃、30℃、40℃、50℃、55℃、60℃。

② 配置氰戊菊酯分析液，取 10mL 氰戊菊酯模拟废水样品 6 份，按超声 20min、超声功率 90W、pH 值为 2 左右设定超声条件，将 6 份氰戊菊酯模拟废水水样按不同超声温度进行实验：25℃、30℃、40℃、50℃、55℃、60℃。

（5）pH 值单因素实验

溶液 pH 值同样是影响超声法降解有机物的重要因素，调查溶液 pH 值对超声法降解氰戊菊酯、氯氰菊酯的影响，具体操作如下。

① 配置氰戊菊酯分析液，取 10mL 氰戊菊酯模拟废水样品 6 份，按超声 20min、超声温度 25℃、超声功率 90W 设定超声条件，将 6 份氰戊菊酯模拟废水水样用 pH 计调节 pH 值分别为 1.14、2.02、5.54、8.50、10.46、11.57。

② 配置氯氰菊酯分析液，取 10mL 氯氰菊酯模拟废水样品 6 份，按超声 20min、超声温度 25℃、超声功率 90W 设定超声条件，将 6 份氯氰菊酯模拟废水水样用 pH 计调节 pH 值分别为 1.45、2.01、3.49、6.49、10.53、11.02。

5.4.2　分析不同因素对超声法降解氰戊菊酯和氯氰菊酯影响

5.4.2.1　超声时间对超声法降解氰戊菊酯和氯氰菊酯的影响

① 配置氰戊菊酯模拟废水，按照 5.4.1.2 中的方法进行超声处理，并用 HPLC 测降解后氰戊菊酯的峰面积，由峰面积计算氰戊菊酯含量，从而计算氰戊菊酯降解率，结果见表 5-3。

表 5-3　超声时间对超声法降解氰戊菊酯的影响

超声时间/min	峰面积	浓度/(μg/L)	降解率/%
5	30782324	54.1083	3.436
10	27497000	48.2957	13.80
20	14192092	24.7556	55.82
40	13940620	24.3108	56.61
60	11674904	20.3021	63.76

超声时间/min	峰面积	浓度/(μg/L)	降解率/%
80	8205834	14.1644	74.72
100	5001076	8.4943	84.84
120	5004927	8.5011	84.83

② 配置氯氰菊酯模拟废水，按照 5.4.1.2 中的方法进行超声处理，并用 HPLC 测降解后氯氰菊酯的峰面积，由峰面积计算氯氰菊酯含量，从而计算氯氰菊酯降解率，结果见表 5-4。

表 5-4 超声时间对超声法降解氯氰菊酯的影响

超声时间/min	峰面积	浓度/(μg/L)	降解率/%
5	26321196	6.5285	36.71
10	24543836	6.0842	41.02
20	21962090	5.4387	47.28
40	16969680	4.1906	59.38
60	12397613	3.0476	70.46
80	8982025	2.1937	78.73
100	7656273	1.8623	81.54
120	631940	0.1062	98.97

超声时间对超声法降解 2 种农药降解率的影响如图 5-2 所示。氰戊菊酯的降解率随超声时间的增加而增大，当超声时间由 5min 增加至 20min 时，氰戊菊酯的降解率迅猛增加，20～120min 阶段，氰戊菊酯的降解率增加较为缓慢，5min

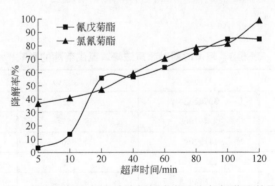

图 5-2 超声时间对超声法降解氰戊菊酯和氯氰菊酯的影响

降解率最小，120min 降解率达到最大，增加超声时间可以有效提高氰戊菊酯的降解率；氯氰菊酯的降解率随超声时间的增加而稳步增加，5min 降解率最小，120min 降解率达到最大，延长超声时间可以有效提高氯氰菊酯的降解率。

5.4.2.2 超声功率对超声法降解氰戊菊酯和氯氰菊酯的影响

① 配置氰戊菊酯模拟废水，按照 5.4.1.2 中的方法设定超声功率，并用 HPLC 测降解后氰戊菊酯的峰面积，由峰面积计算氰戊菊酯含量，从而计算氰戊菊酯降解率，结果见表 5-5～表 5-7。

表 5-5 超声功率 72W 对超声法降解氰戊菊酯的影响

超声时间/min	峰面积	浓度/(μg/L)	降解率/%
10	32156472	56.5396	0.9134
20	28935122	50.8401	9.2590
40	14192198	24.7559	55.82
80	8205811	14.1643	74.72
100	10919918	18.9663	66.15

表 5-6 超声功率 90 W 对超声法降解氰戊菊酯的影响

超声时间/min	峰面积	浓度/(μg/L)	降解率/%
10	27497000	48.2957	13.80
20	14192092	24.7557	55.82
40	13940620	24.3108	56.61
80	8205834	14.1644	74.72
100	5001076	8.4943	84.84

表 5-7 超声功率 180W 对超声法降解氰戊菊酯的影响

超声时间/min	峰面积	浓度/(μg/L)	降解率/%
10	12313290	21.4316	61.75
20	10185006	17.6661	68.47
40	8040448	13.8718	75.24
80	6125970	10.4845	81.29
100	4871502	8.26502	85.25

超声功率对超声法降解氰戊菊酯模拟废水降解率的影响如图 5-3 所示。氰戊菊酯的降解率随超声功率的升高而增高，超声时间为 40～80min 时，90W 时的降解率与 72W 时的降解率接近，72W 时的降解率在超声 80min 之后下降，而 180W 时的降解率一直高于另外 2 个超声功率。超声法降解氰戊菊酯时，180W 时的降解率>90W 时的降解率>72W 时的降解率。

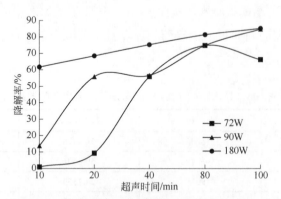

图 5-3　超声功率对超声法降解氰戊菊酯的影响

② 配置氯氰菊酯模拟废水，按照 5.4.1.2 中的方法设定超声功率，并用 HPLC 测降解后氯氰菊酯的峰面积，由峰面积计算氯氰菊酯含量，从而计算氯氰菊酯降解率，结果见表 5-8～表 5-10。

表 5-8　超声功率 72 W 对超声法降解氯氰菊酯的影响

超声时间/min	峰面积	浓度/(μg/L)	降解率/%
10	27497077	6.8225	33.86
20	14192022	3.4962	66.11
40	13940620	3.4334	66.72
80	16582996	4.0939	60.31
100	12131660	2.9811	71.10

表 5-9　超声功率 90W 对超声法降解氯氰菊酯的影响

超声时间/min	峰面积	浓度/(μg/L)	降解率/%
10	24543836	6.0842	41.02
20	21962090	5.4387	47.28

超声时间/min	峰面积	浓度/(μg/L)	降解率/%
40	16969680	4.1906	59.38
80	8982025	2.1937	78.73
100	7656273	1.8623	81.54

表 5-10　超声功率 180W 对超声法降解氯氰菊酯的影响

超声时间/min	峰面积	浓度/(μg/L)	降解率/%
10	15745491	3.8846	62.35
20	11212824	2.7514	73.33
40	12758599	3.1378	69.58
80	4605907	1.0997	89.34
100	3380777	0.7934	92.31

　　超声功率对超声法降解氯氰菊酯模拟废水降解率的影响见图 5-4。氯氰菊酯的降解率随功率的升高而增高，超声时间为 10～40min 时，超声功率为 90W 时的降解率基本都小于超声功率为 72W 时的降解率，80min 时，90W 时的降解率大于 72W 时的降解率，而超声功率为 180W 时的降解率一直高于 90W 时和 72W 时的降解率。

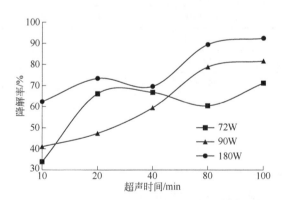

图 5-4　超声功率对超声法降解氯氰菊酯的影响

5.4.2.3　超声温度对超声法降解氰戊菊酯和氯氰菊酯的影响

　　① 配置氰戊菊酯模拟废水，按照 5.4.1.2 中的方法考查超声温度的影响，并

用 HPLC 测降解后氰戊菊酯的峰面积，由峰面积计算氰戊菊酯含量，从而计算氰戊菊酯降解率，结果见表 5-11。

表 5-11　超声温度对超声法降解氰戊菊酯的影响

超声温度/℃	峰面积	浓度/(μg/L)	降解率/%
25	26695975	46.8785	16.33
30	33830695	59.5017	6.200
40	25452595	44.6785	20.26
50	6263800	10.7283	80.85
55	10195650	17.6849	68.44
60	17416425	30.4604	45.63

② 配置氯氰菊酯模拟废水，按照 5.4.1.2 中的方法考查超声温度的影响，并用 HPLC 测降解后氯氰菊酯的峰面积，由峰面积计算氯氰菊酯含量，从而计算氯氰菊酯降解率，结果见表 5-12。

表 5-12　超声温度对超声法降解氯氰菊酯的影响

超声温度/℃	峰面积	浓度/(μg/L)	降解率/%
25	20405466	5.0495	51.05
30	13476992	3.3174	67.84
40	21192790	5.2463	49.14
50	23653600	5.8616	43.18
55	25782740	6.3939	38.02
60	19988100	4.9452	52.06

超声温度对超声法降解 2 种农药降解率的影响见图 5-5。

氰戊菊酯的降解率随超声温度的增加呈现先降低后增大又降低的趋势。25～30℃阶段，氰戊菊酯的降解率下降；30～50℃阶段，氰戊菊酯的降解率大幅度增大；50～60℃，氰戊菊酯的降解率又大幅度减小，说明超声温度升高可以在一定范围内提高氰戊菊酯的降解率。

而氯氰菊酯恰好相反，氯氰菊酯的降解率随超声温度的增高呈现先增高后降

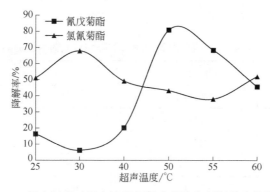

图 5-5　超声温度对超声法降解氰戊菊酯和氯氰菊酯的影响

低最后又升高的趋势。25～30℃阶段，氯氰菊酯的降解率小幅升高；30～55℃阶段，氯氰菊酯的降解率稍有降低，但幅度不大；55～60℃阶段，氯氰菊酯的降解率又呈现增高趋势，整个升温过程中，对氯氰菊酯的降解率影响较小。

5.4.2.4　pH 值对超声法降解氰戊菊酯和氯氰菊酯的影响

① 配置氰戊菊酯模拟废水，按 5.4.1.2 中的方法考查 pH 值单因素的影响，并用 HPLC 测降解后氰戊菊酯的峰面积，由峰面积计算氰戊菊酯含量，从而计算氰戊菊酯降解率，结果见表 5-13。

表 5-13　pH 值单因素对超声法降解氰戊菊酯的影响

pH 值	峰面积	浓度/(μg/L)	降解率/%
1.14	8506035	14.6955	73.77
2.02	19960675	34.9619	37.60
5.54	19478790	34.1093	39.12
8.50	20696845	36.2644	35.27
10.46	15167340	26.4812	52.74
11.57	9983035	17.3087	69.11

② 配置氯氰菊酯模拟废水，按 5.4.1.2 中的方法考查 pH 值单因素的影响，并用 HPLC 测降解后氯氰菊酯的峰面积，由峰面积计算氯氰菊酯含量，从而计算氯

氰菊酯降解率，结果见表 5-14。

表 5-14 pH 值单因素对超声法降解氯氰菊酯的影响

pH 值	峰面积	浓度/(μg/L)	降解率/%
1.45	2147495	0.4851	95.30
2.01	1177585	0.2426	97.65
3.49	3083220	0.7190	93.03
6.49	3839570	0.9081	91.20
10.53	155060	0.000	100
11.02	101770	0.000	100

　　pH 值对超声法降解 2 种农药降解率的影响见图 5-6。氰戊菊酯的降解率随 pH 值的增大先降低后升高，酸性增强或碱性增强，氰戊菊酯的降解率均增大，改变 pH 值可以有效提高氰戊菊酯的降解率；氯氰菊酯的降解率随 pH 值改变产生的变化不大。

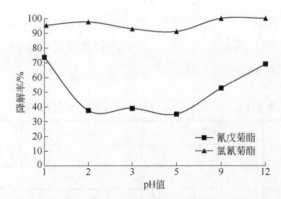

图 5-6 pH 值对超声法降解氰戊菊酯和氯氰菊酯的影响

5.4.3 超声法降解氰戊菊酯和氯氰菊酯农药的单因素初步探究

　　影响超声法降解氰戊菊酯、氯氰菊酯农药废水的因素有超声时间、超声温度、超声功率、反应 pH 值。

① 超声时间影响规律主要为：随着时间的增加 2 种农药的降解率都增大，原因可能是超声形成的空化小泡随反应的进行而增多，促使化学键的断裂，降解率就持续增大。

② 超声温度影响规律主要为：氰戊菊酯的降解率随超声温度的升高呈现先降低后增大又降低的趋势；而氯氰菊酯的降解率随超声温度的增高呈现先增高后降低最后又升高的趋势。导致这个现象的原因可能是：温度升高会在一定范围内提高农药的降解率，当温度不适合超声空化小泡发育时，空化小泡形成不了，就不能使农药处于一个极端高温高压的环境中，农药的化学键就不会断裂，农药自然就不能被降解，因此降解率低。

③ 超声功率影响规律主要为：氰戊菊酯的降解率随超声功率的升高而增大；氯氰菊酯的降解规律为 180W 时的降解率>90W 和 72W 时的降解率。其原因可能为：超声功率越大，形成的超声空化小泡越多，高温高压下农药就被降解得越多。

④ pH 值影响规律主要为：氰戊菊酯的降解率在酸性增大或碱性增大条件下，氰戊菊酯的降解率均增大；氯氰菊酯在酸性、碱性、中性条件下降解率都很高，几乎不变。原因可能如下：氰戊菊酯与氯氰菊酯的性质为在酸性或弱酸性介质中稳定存在，而在碱性中分解。酸性条件促进 $H_2O \longrightarrow \cdot OH + \cdot H$ 反应向正反应方向进行；而碱性条件促进 $\cdot OH + \cdot OH \longrightarrow H_2O_2$ 向正反应方向进行，这都提高了羟基自由基的活性，从而将农药分子裂解，达到降解目的。

5.4.4　小结

超声法可以降解氰戊菊酯和氯氰菊酯 2 种农药。本节给出影响超声法降解氰戊菊酯、氯氰菊酯 2 种农药的主要因素是超声时间、超声功率、超声温度、pH 值，为后续实验考查联合方法的降解效果作铺垫，因此最佳超声时间为 20min、超声功率为 90W、超声温度为 25℃、pH 值为原溶液本身 pH 值（2 左右）。

5.5　Fenton 试剂法降解氰戊菊酯和氯氰菊酯

5.5.1　实验部分

5.5.1.1　实验仪器及原材料

（1）实验仪器（表 5-15）

表 5-15　Fenton 试剂法实验仪器

实验仪器	仪器公司
Adventurer 万分之一电子天平	OHAUS 公司
移液器	法国 Gilson 公司
标准型 PB-10 pH 计	德国 Sartorius 公司
水浴振荡	江苏省金坛市医疗器械厂
液相	Waters 公司

（2）实验试剂（表 5-16）

表 5-16　Fenton 试剂法实验试剂

实验试剂	试剂公司
过氧化氢（30%H_2O_2）	天津市天力化学试剂有限公司
硫酸亚铁（$FeSO_4$）	天津市福晨化学试剂厂
甲醇（HPLC 级）	山东禹王试剂有限公司
氢氧化钠（NaOH）	哈尔滨新春化工产品有限公司
盐酸（HCl）	哈尔滨新春化工产品有限公司
20%氰戊菊酯乳油	四川国光农化股份有限公司
5%氯氰菊酯乳油	浙江威尔达化工有限公司

5.5.1.2　实验方法

（1）模拟废水分析液的配置

氰戊菊酯和氯氰菊酯模拟废水分析液配置方法按 5.4.1.2 中的方法配置。

（2）FeSO₄投加量单因素实验

FeSO₄投加量是影响 Fenton 试剂降解有机物的重要因素，本节考察 FeSO₄ 投加量对 Fenton 试剂降解氰戊菊酯、氯氰菊酯的影响[51]。

① 配置氰戊菊酯分析液，取 10mL 氰戊菊酯模拟废水样品 6 份，同样加入 H_2O_2 50mmol/L（57μL），反应时间 20min，pH 值调整为 2 左右，依次加入 FeSO₄ 2mmol/L（0.0036g）、4mmol/L（0.0065g）、6mmol/L（0.0092g）、8mmol/L（0.01216g）、10mmol/L（0.0156g）、12mmol/L（0.0182g）。

② 配置氯氰菊酯分析液，取 10mL 氯氰菊酯模拟废水样品 6 份，同样加入 H_2O_2 50mmol/L（57μL），反应时间 20min，pH 值调整为 2 左右，依次加入 FeSO₄ 2mmol/L（0.0036g）、4mmol/L（0.0065g）、6mmol/L（0.0092g）、8mmol/L（0.0122g）、10mmol/L（0.0156g）、12mmol/L（0.0182g）。

（3）H_2O_2 投加量单因素实验

H_2O_2 投加量是影响 Fenton 试剂降解有机物的重要因素，本节考察 H_2O_2 投加量对 Fenton 试剂降解氰戊菊酯和氯氰菊酯的影响。

① 配置氰戊菊酯分析液，取 10mL 氰戊菊酯模拟废水样品 6 份，同样加入 FeSO₄ 8mmol/L（0.1216g），反应时间 20min，pH 值调整为 2 左右，依次加入 H_2O_2 10mmol/L（11μL）、20mmol/L（23μL）、30mmol/L（34μL）、40mmol/L（45μL）、50mmol/L（57μL）、60mmol/L（68μL）。

② 配置氯氰菊酯分析液，取 10mL 氯氰菊酯模拟废水样品 6 份，同样加入 FeSO₄ 8mmol/L（0.1216g），反应时间 20min，pH 值调整为 2 左右，依次加入 H_2O_2 10mmol/L（11μL）、20mmol/L（23μL）、30mmol/L（34μL）、40mmol/L（45μL）、50mmol/L（57μL）、60mmol/L（68μL）。

（4）反应时间单因素实验

反应时间也是影响 Fenton 试剂降解有机物的重要因素，本节考察反应时间对 Fenton 试剂降解氰戊菊酯、氯氰菊酯的影响。

① 配置氰戊菊酯分析液，取 10mL 氰戊菊酯模拟废水样品 8 份，同样加入 Fenton 试剂：FeSO₄ 8mmol/L（0.1216g）、H_2O_2 50mmol/L（57μL），pH 值调整为 2 左右。将 8 份氰戊菊酯模拟废水水样水浴振荡 5min、10min、20min、40min、

60min、80min、100min、120min。

② 配置氯氰菊酯分析液，取 10mL 氯氰菊酯模拟废水样品 8 份，同样加入 Fenton 试剂：FeSO₄ 8mmol/L（0.1216g）、H₂O₂ 50mmol/L（57μL），pH 值调整为 2 左右。将 8 份氯氰菊酯模拟废水水样水浴振荡 5min、10min、20min、40min、60min、80min、100min、120min。

（5）pH 值单因素实验

溶液 pH 值同样是影响 Fenton 试剂降解有机物的重要因素，本节考察溶液 pH 值对 Fenton 试剂降解氰戊菊酯、氯氰菊酯的影响。

① 配置氰戊菊酯分析液，取 10mL 氰戊菊酯模拟废水样品 6 份，同样加入 Fenton 试剂：FeSO₄ 8mmol/L（0.1216g）、H₂O₂ 50mmol/L（57μL），反应时间为 20min，pH 值调整为 2 左右。将 6 份氰戊菊酯模拟废水水样用 pH 计调节水样 pH 值分别为 1.79、2.41、3.15、5.78、10.57、11.15。

② 配置氯氰菊酯分析液，取 10mL 氯氰菊酯模拟废水样品 6 份，同样加入 Fenton 试剂：FeSO₄ 8mmol/L（0.1216g）、H₂O₂ 50mmol/L（57μL），反应时间为 20min，pH 值调整为 2 左右。将 6 份氯氰菊酯模拟废水水样用 pH 计调节水样 pH 值分别为 1.53、2.05、4.53、5.01、9.93、10.49。

5.5.2 不同因素对 Fenton 试剂法降解氰戊菊酯和氯氰菊酯的影响

5.5.2.1 FeSO₄ 投加量对 Fenton 试剂降解氰戊菊酯和氯氰菊酯的影响

配置氰戊菊酯和氯氰菊酯模拟废水，按 5.5.1.2 中的方法投加 FeSO₄，并用 HPLC 测降解后氰戊菊酯和氯氰菊酯的峰面积，由峰面积计算氰戊菊酯和氯氰菊酯含量，从而计算氰戊菊酯和氯氰菊酯降解率，结果见表 5-17 和表 5-18。

表 5-17 FeSO₄ 投加量对 Fenton 试剂降解氰戊菊酯的影响

FeSO₄浓度/(mmol/L)	峰面积	浓度/(μg/L)	降解率/%
2	17714080	30.9870	44.69
4	11617260	20.2001	63.95

FeSO₄浓度/(mmol/L)	峰面积	浓度/(μg/L)	降解率/%
6	10890600	18.9144	66.24
8	7397640	12.7344	77.27
10	8272710	14.2827	74.51
12	5072170	8.6201	84.61

表 5-18　FeSO₄投加量对 Fenton 试剂降解氯氰菊酯的影响

FeSO₄浓度/(mmol/L)	峰面积	浓度/(μg/L)	降解率/%
2	14805200	3.6495	64.62
4	13653660	3.3616	67.43
6	7417820	1.8027	82.53
8	6132170	1.4812	85.64
10	3479461	0.8181	92.07
12	3277414	0.7676	92.56

FeSO₄投加量对 Fenton 试剂降解 2 种农药降解率的影响如图 5-7 所示。氰戊菊酯的降解率随 FeSO₄投加量的增加呈现缓慢上升趋势；而氯氰菊酯的降解率在 FeSO₄投加量为 4mmol/L 时略高于 2mmol/L 时的降解率，呈现缓慢上升的趋势，当 FeSO₄投加量在 10～12mmol/L 时趋于平缓，在 FeSO₄投加量由 2mmol/L 增加至 12mmol/L 时上升总趋势比氰戊菊酯平缓。氰戊菊酯、氯氰菊酯 2 种农药的降解率随 FeSO₄投加量的增加而呈总体上升趋势。

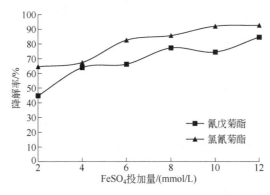

图 5-7　FeSO₄投加量对 Fenton 试剂降解氰戊菊酯和氯氰菊酯的影响

5.5.2.2 H_2O_2 投加量对 Fenton 试剂降解氰戊菊酯和氯氰菊酯的影响

配置氰戊菊酯和氯氰菊酯模拟废水,按 5.5.1.2 中的方法投加 H_2O_2,并用 HPLC 测降解后氰戊菊酯和氯氰菊酯的峰面积,由峰面积计算氰戊菊酯和氯氰菊酯含量,从而计算氰戊菊酯降解率,结果见表 5-19 和表 5-20。

表 5-19　H_2O_2 投加量对 Fenton 试剂降解氰戊菊酯的影响

H_2O_2 浓度/(mmol/L)	峰面积	浓度/(μg/L)	降解率/%
10	21345200	37.4115	33.23
20	18660370	32.6613	41.71
30	16297000	28.4798	49.17
40	10143180	17.5921	68.60
50	7397640	12.7344	77.27
60	4956080	8.4167	84.98

表 5-20　H_2O_2 投加量对 Fenton 试剂降解氯氰菊酯的影响

H_2O_2 浓度/(mmol/L)	峰面积	浓度/(μg/L)	降解率/%
10	26410545	6.5508	36.50
20	12986130	3.1947	69.03
30	9446270	2.3098	77.61
40	7872180	1.9162	81.42
50	6132170	1.4812	85.64
60	8184290	1.9943	80.67

H_2O_2 投加量对 Fenton 试剂降解 2 种农药降解率的影响见图 5-8。氰戊菊酯的降解率随 H_2O_2 投加量的增加而迅速上升,降解率在 H_2O_2 投加量为 40～60mmol/L 阶段上升得较 10～40mmol/L 阶段缓慢,当 H_2O_2 投加量为 60mmol/L 时降解率达到最大;氯氰菊酯在 H_2O_2 投加量为 40mmol/L 时的降解率大于 20mmol/L 时的降解率,H_2O_2 投加量从 50mmol/L 升到 60mmol/L 时,氯氰菊酯的降解率下降,整体呈现先上升后下降的趋势。

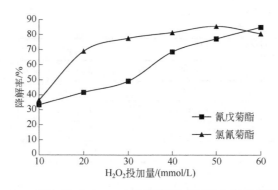

图 5-8　H₂O₂ 投加量对 Fenton 试剂降解氰戊菊酯和氯氰菊酯的影响

5.5.2.3　反应时间对 Fenton 试剂降解氰戊菊酯和氯氰菊酯的影响

　　配置氰戊菊酯和氯氰菊酯模拟废水，按 5.5.1.2 中的方法考查反应时间的影响，并用 HPLC 测降解后氰戊菊酯和氯氰菊酯的峰面积，由峰面积计算氰戊菊酯和氯氰菊酯含量，从而计算氰戊菊酯和氯氰菊酯降解率，结果见表 5-21 和表 5-22。

表 5-21　反应时间对 Fenton 试剂降解氰戊菊酯的影响

超声时间/min	峰面积	浓度/(μg/L)	降解率/%
5	5064115	8.6058	84.64
10	3862468	6.4798	88.43
20	2806350	4.6112	91.77
40	2604212	4.2537	92.41
60	1849343	2.9180	94.79
80	1840444	2.9023	94.82
100	3633975	6.0755	89.16
120	3156691	5.2311	90.66

表 5-22　反应时间对 Fenton 试剂降解氯氰菊酯的影响

超声时间/min	峰面积	浓度/(μg/L)	降解率/%
5	2702422	0.6238	93.95
10	1209950	0.2507	97.57
20	16229641	4.0056	61.17

超声时间/min	峰面积	浓度/(μg/L)	降解率/%
40	12758539	3.1378	69.58
60	9537320	2.3325	77.39
80	4605947	1.0997	89.34
100	4213704	1.0016	90.29
120	3380729	0.7934	92.31

反应时间对 Fenton 试剂降解 2 种农药降解率的影响见图 5-9。氰戊菊酯的降解率随水浴振荡时间增加而略有上升趋势,但不明显,当反应时间为 80min 时达到最高降解率,之后随反应的进行氰戊菊酯的降解率有所下降(与 80min 时相比);氯氰菊酯的降解率在 5～10min 有小幅度增高,10～20min 阶段急剧下降,当反应时间为 20min 时,氯氰菊酯的降解率为最低,20～80min 阶段氯氰菊酯的降解率迅猛上升,在 80～120min 阶段氯氰菊酯的降解率变化趋于平稳。

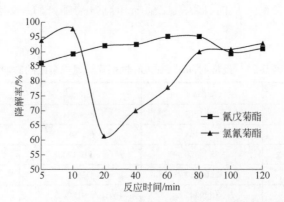

图 5-9　反应时间对 Fenton 试剂降解氰戊菊酯和氯氰菊酯的影响

5.5.2.4　pH 值对 Fenton 试剂降解氰戊菊酯和氯氰菊酯的影响

配置氰戊菊酯和氯氰菊酯模拟废水,按 5.5.1.2 中的方法考查 pH 值单因素的影响,并用 HPLC 测降解后氰戊菊酯和氯氰菊酯的峰面积,由峰面积计算氰戊菊酯和氯氰菊酯含量,从而计算氰戊菊酯和氯氰菊酯降解率,结果见表 5-23 和表 5-24。

表 5-23　pH 值单因素对 Fenton 试剂降解氰戊菊酯的影响

pH 值	峰面积	浓度/(μg/L)	降解率/%
1.79	16015140	27.9812	50.06
2.41	3521612	5.8767	89.51
3.15	2765290	4.5386	91.90
5.78	3438142	5.7290	89.77
10.57	1665156	2.5921	95.37
11.15	1273374	1.8990	96.61

表 5-24　pH 值单因素对 Fenton 试剂降解氯氰菊酯的影响

pH 值	峰面积	浓度/(μg/L)	降解率/%
1.53	4122101	0.9787	90.51
2.05	1690889	0.3709	96.40
4.53	2563322	0.5890	94.29
5.01	809515	0.1506	98.54
9.93	915646	0.1771	98.28
10.49	913651	0.1766	98.29

pH 值对 Fenton 试剂降解 2 种农药降解率的影响见图 5-10。氰戊菊酯的降解率随 pH 值的增大而变化较小，在酸性减弱及碱性增强的条件下，氰戊菊酯的降解率整体呈增大趋势，改变 pH 值可以有效保持氰戊菊酯的高降解率；当 pH=1 时，氰戊菊酯的降解率反而最低，此时提高 pH 可以大大提高氰戊菊酯的降解率，但当 pH>2 时，氰戊菊酯的降解率随 pH 值变化不大。

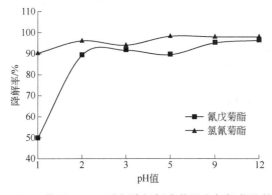

图 5-10　pH 值对 Fenton 试剂降解氰戊菊酯和氯氰菊酯的影响

5.5.3 Fenton 试剂法降解氰戊菊酯和氯氰菊酯农药的单因素初步探究

影响 Fenton 试剂法降解氰戊菊酯和氯氰菊酯农药废水的因素有 FeSO$_4$ 投加量、H$_2$O$_2$ 投加量、反应时间、反应 pH 值。

① FeSO$_4$ 投加量、H$_2$O$_2$ 投加量的影响规律为：随着投加量的增高，降解率逐渐增大直至降解完全。其原因可能为：分别增大 FeSO$_4$ 投加量、H$_2$O$_2$ 投加量时，Fe^{2+} 与 H$_2$O$_2$ 反应生成 ·OH，·OH 具有很强的氧化活性，Fe^{2+} 被氧化成 Fe^{3+}，Fe^{3+} 逐渐与氰戊菊酯、氯氰菊酯农药乳油（RH 代替）反应生成有机自由基 R·，而 R·进一步被氧化，使有机物的碳链结构彻底断裂，最终只剩下小分子 CO$_2$ 和 H$_2$O[28]，当溶液中 Fe^{2+} 或 H$_2$O$_2$ 任意一方增多时，都会促进反应进行，因此，对 2 种农药的降解率就大大提高了。

② 水浴振荡时间影响规律主要为：随着反应的进行，氰戊菊酯的降解率略有升高，到一定值后又逐渐下降至平稳；而氯氰菊酯的降解率在小幅度增高后急剧下降，后趋于平稳。导致这个现象的原因可能是：随着反应的进行，溶液内的 H$_2$O$_2$ 会逐渐分解成 H$_2$O 和 O$_2$，而溶液内的 Fe^{2+} 也会被 H$_2$O$_2$ 分解的 O$_2$ 首先氧化成 Fe^{3+}，阻碍了正常反应的进行。

③ pH 值影响规律主要为：氰戊菊酯的降解率随 pH 值的增大而变化较小，在酸性减弱及碱性增强的条件下，氰戊菊酯的降解率整体呈增大趋势，改变 pH 值可以有效保持氰戊菊酯的高降解率；当 pH=1 时，氰戊菊酯的降解率反而最低，此时提高 pH 可以大大提高氰戊菊酯的降解率，但当 pH>2 时，氰戊菊酯的降解率随 pH 值变化不大。原因可能如下：氰戊菊酯与氯氰菊酯的性质为在酸性或弱酸性介质中稳定存在，而在碱性中分解。在酸性条件下，加入 Fenton 试剂处理 2 种农药时，会促进反应 Fe^{3+} + H$_2$O$_2$ $\longrightarrow$ Fe^{2+} + HO$_2$· + H$^+$ 向逆反应方向进行，提高了 Fe^{3+} 与 H$_2$O$_2$ 的活性，因此，酸性条件下降解率大；在碱性条件下，2 种农药本身不稳定，且溶液中 OH$^-$ 多失去电子产生羟基自由基，可以将这 2 种农药进一步氧化，提高降解率。

5.5.4 小结

Fenton 试剂可以有效降解氰戊菊酯及氯氰菊酯 2 种农药。本节给出影响

Fenton 试剂降解氰戊菊酯、氯氰菊酯 2 种农药的主要因素是 $FeSO_4$ 投加量、H_2O_2 投加量、水浴振荡反应时间、pH 值，可为后续实验中考查联合方法的降解效果作铺垫。因此，最佳 $FeSO_4$ 投加量为 8mmol/L(0.1216g)、H_2O_2 投加量为 50mmol/L(57μL)、反应时间为 20min、pH 值为原溶液本身 pH 值（2 左右）。

5.6　超声联合 Fenton 试剂法降解氰戊菊酯和氯氰菊酯

5.6.1　实验部分

5.6.1.1　材料、仪器及试剂

（1）实验仪器（表 5-25）

表 5-25　超声联合 Fenton 试剂法实验仪器

实验仪器	仪器公司
Adventurer 万分之一电子天平	OHAUS 公司
移液器	法国 Gilson 公司
标准型 PB-10 pH 计	德国 Sartorius 公司
水浴振荡	江苏省金坛市医疗器械厂
液相	Waters 公司
超声清洗机	深圳市洁盟公司

（2）实验试剂（表 5-26）

表 5-26　超声联合 Fenton 试剂法实验试剂

实验试剂	试剂公司
过氧化氢（30%H_2O_2）	天津市天力化学试剂有限公司
硫酸亚铁（$FeSO_4$）	天津市福晨化学试剂厂
甲醇（HPLC 级）	山东禹王试剂有限公司
氢氧化钠（NaOH）	哈尔滨新春化工产品有限公司
盐酸（HCl）	哈尔滨新春化工产品有限公司

实验试剂	试剂公司
20%氰戊菊酯乳油	四川国光农化股份有限公司
5%氯氰菊酯乳油	浙江威尔达化工有限公司

5.6.1.2　实验方法

（1）模拟废水分析液的配置

氰戊菊酯、氯氰菊酯模拟废水分析液配置方法按 5.4.1.2 中的方法配置。

（2）超声时间单因素实验

超声时间是影响超声联合 Fenton 试剂法降解有机物的重要因素，本节考察超声时间对超声法联合 Fenton 试剂降解氰戊菊酯和氯氰菊酯的影响。

① 配置氰戊菊酯分析液，取 10mL 氰戊菊酯模拟废水样品 8 份，按超声温度 25℃、超声功率 90W、pH 值为 2 左右设定超声条件，Fenton 试剂配比：$FeSO_4$ 8mmol/L（0.1216g）、H_2O_2 50mmol/L（57μL），将 8 份氰戊菊酯模拟废水水样超声 5min、10min、20min、40min、60min、80min、100min、120min。

② 配置氯氰菊酯分析液，取 10mL 氯氰菊酯模拟废水样品 8 份，按超声温度 25℃、超声功率 90W、pH 值为 2 左右设定超声条件，Fenton 试剂配比：$FeSO_4$ 8mmol/L（0.1216g）、H_2O_2 50mmol/L（57μL），将 8 份氯氰菊酯模拟废水水样超声 5min、10min、20min、40min、60min、80min、100min、120min。

（3）超声功率单因素实验

超声功率是影响超声联合 Fenton 试剂法降解有机物的重要因素，本节考察超声功率对超声联合 Fenton 试剂法降解氰戊菊酯和氯氰菊酯的影响。由于受实验条件的影响，选择 3 个不同的超声功率，在这 3 个不同超声功率下，按不同时间取样来表征功率对超声联合 Fenton 试剂法降解氰戊菊酯、氯氰菊酯的影响。

① 配置氰戊菊酯分析液，取 10mL 氰戊菊酯模拟废水样品 15 份，分别投加 Fenton 试剂，配比为 $FeSO_4$ 8mmol/L（0.1216g）、H_2O_2 50mmol/L（57μL）；超声条件按超声温度 25℃、pH 值为 2 左右设定。选择 3 挡功率，72W、90W、180W，分别在这 3 挡功率下按不同超声时间取样：10min、20min、40min、80min、

100min。

② 配置氯氰菊酯分析液，取 10mL 氯氰菊酯模拟废水样品 15 份，分别投加 Fenton 试剂，配比为 FeSO$_4$ 8mmol/L（0.1216g）、H$_2$O$_2$ 50mmol/L（57μL）；超声条件按超声温度 25℃、pH 值为 2 左右设定。选择 3 挡功率，72W、90W、180W，分别在这 3 挡功率下按不同超声时间取样：10min、20min、40min、80min、100min。

（4）超声温度单因素实验

超声温度是影响超声联合 Fenton 试剂法降解有机物的重要因素，本节考察超声温度对超声联合 Fenton 试剂法降解氰戊菊酯和氯氰菊酯的影响。

① 配置氰戊菊酯分析液，取 10mL 氰戊菊酯模拟废水样品 6 份，按超声20min、超声功率 90W、pH 值为 2 左右设定超声条件；Fenton 试剂配比为 FeSO$_4$ 8mmol/L（0.1216g）、H$_2$O$_2$ 50mmol/L（57μL）。将 6 份氰戊菊酯模拟废水水样按不同超声温度进行实验：25℃、30℃、40℃、50℃、55℃、60℃。

② 配置氯氰菊酯分析液，取 10mL 氯氰菊酯模拟废水样品 6 份，按超声20min、超声功率 90W、pH 值为 2 左右设定超声条件；Fenton 试剂配比为 FeSO$_4$ 8mmol/L（0.1216g）、H$_2$O$_2$ 50mmol/L（57μL）。将 6 份氯氰菊酯模拟废水水样按不同超声温度进行实验：25℃、30℃、40℃、50℃、55℃、60℃。

（5）pH 值单因素实验

溶液 pH 值同样是影响超声联合 Fenton 试剂法降解有机物的重要因素，本节考察溶液 pH 值对超声联合 Fenton 试剂法降解氰戊菊酯和氯氰菊酯的影响。

① 配置氰戊菊酯分析液，取 10mL 氰戊菊酯模拟废水样品 6 份，超声条件为：超声 20min、超声温度 25℃、超声功率 90W。Fenton 试剂配比为 FeSO$_4$ 8mmol/L（0.1216g）、H$_2$O$_2$ 50mmol/L（57μL）。将 6 份氰戊菊酯模拟废水水样用 pH 计调节pH 值分别为 1.79、2.41、3.15、5.78、10.57、11.15。

② 配置氯氰菊酯分析液，取 10mL 氯氰菊酯模拟废水样品 6 份，超声条件为：超声 20min、超声温度 25℃、超声功率 90W。Fenton 试剂配比为 FeSO$_4$ 8mmol/L（0.1216g）、H$_2$O$_2$ 50mmol/L（57μL）。将 6 份氯氰菊酯模拟废水水样用 pH 计调节pH 值分别为 1.53、2.05、4.53、5.01、9.93、10.49。

5.6.2 不同因素对超声联合 Fenton 试剂法降解氰戊菊酯和氯氰菊酯的影响

5.6.2.1 超声时间对联合法降解氰戊菊酯和氯氰菊酯的影响

配置氰戊菊酯和氯氰菊酯模拟废水，按 5.6.1.2 中的方法安排超声时间，并用 HPLC 测量降解后氰戊菊酯和氯氰菊酯的峰面积，由峰面积计算氰戊菊酯和氯氰菊酯含量，从而计算氰戊菊酯和氯氰菊酯降解率，结果见表 5-27 和表 5-28。

表 5-27　超声时间对超声联合 Fenton 试剂法降解氰戊菊酯的影响

超声时间/min	峰面积	浓度/(μg/L)	降解率/%
5	12209305	21.2476	62.08
10	6953726	11.9490	78.68
20	4614363	7.8101	86.06
40	3452735	5.7548	89.73
60	2699842	4.4228	92.11
80	2425316	3.9371	92.97
100	1728917	2.7049	95.17
120	724189	0.9273	98.34

表 5-28　超声时间对超声联合 Fenton 试剂法降解氯氰菊酯的影响

超声时间/min	峰面积	浓度/(μg/L)	降解率/%
5	13160598	3.2383	68.61
10	8603553	2.0991	79.65
20	4670855	1.1159	89.18
40	3688034	0.8702	91.56
60	3666883	0.8649	91.62
80	2813978	0.6517	93.68
100	1519828	0.3282	96.82
120	584581	0.0943	99.13

超声时间对超声联合 Fenton 试剂法降解 2 种农药降解率的影响见图 5-11。氰戊菊酯的降解率随超声时间的增加而增大，5min 降解率最小，120min 降解率达到最大，增加超声时间可以有效提高氰戊菊酯的降解率；氯氰菊酯的降解率随超声时间的增加而稳步增加，5min 降解率最小，120min 降解率达到最大，增加超声时间可以有效提高氯氰菊酯的降解率。超声联合 Fenton 试剂法降解 2 种农药的降解率趋势较为相似，说明超声时间可以提高 2 种农药的降解率。

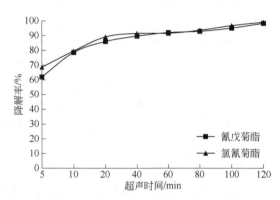

图 5-11　超声时间对超声联合 Fenton 试剂法降解氰戊菊酯和氯氰菊酯的影响

5.6.2.2　超声功率对联合法降解氰戊菊酯和氯氰菊酯的影响

（1）氰戊菊酯

配置氰戊菊酯模拟废水，按 5.6.1.2 中的方法设定超声功率，并用 HPLC 测降解后氰戊菊酯的峰面积，由峰面积计算氰戊菊酯含量，从而计算氰戊菊酯降解率，结果见表 5-29～表 5-31。

表 5-29　超声功率 72 W 对超声联合 Fenton 试剂法降解氰戊菊酯的影响

超声时间/min	峰面积	浓度/(μg/L)	降解率/%
10	7090915	12.1918	78.24
20	6381505	10.9366	80.48
40	4028751	6.7740	87.91
80	3708318	6.2070	88.92
100	2643339	4.3228	92.28

表 5-30　超声功率 90W 对超声联合 Fenton 试剂法降解氰戊菊酯的影响

超声时间/min	峰面积	浓度/(μg/L)	降解率/%
10	6953726	11.9490	78.68
20	4614363	7.8101	86.06
40	3452735	5.7548	89.73
80	2425316	3.9371	92.97
100	1728917	2.7049	95.17

表 5-31　超声功率 180 W 对超声联合 Fenton 试剂法降解氰戊菊酯的影响

超声时间/min	峰面积	浓度/(μg/L)	降解率/%
10	6628569	11.3738	79.69
20	3082534	5.0998	90.90
40	2632983	4.3045	92.32
80	1395378	2.1148	96.23
100	1465261	2.2385	96.00

　　超声功率对超声联合 Fenton 试剂法降解氰戊菊酯模拟废水降解率的影响见图 5-12。氰戊菊酯的降解率随超声功率的升高而增高，在超声 10min 时，72W、90W、180W 的降解能力相近，超声 20min 后降解率增大较为明显。超声联合 Fenton 试剂降解氰戊菊酯时，180W 时的降解率>90W 时的降解率>72W 时的降解率。

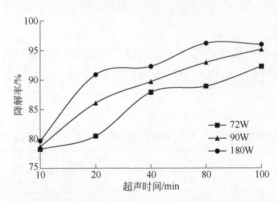

图 5-12　超声功率对超声联合 Fenton 试剂法降解氰戊菊酯的影响

　　（2）氯氰菊酯　配置氯氰菊酯模拟废水，按 5.6.1.2 中的方法定超声功率，并用 HPLC 测降解后氯氰菊酯的峰面积，由峰面积计算氯氰菊酯含量，从而计算氯氰菊酯降解率，结果见表 5-32 和表 5-34。

表 5-32　超声功率 72W 对超声联合 Fenton 试剂法降解氯氰菊酯的影响

超声时间/min	峰面积	浓度/(μg/L)	降解率/%
10	16304707	4.0244	60.99
20	5016276	1.2023	88.35
40	3937408	0.9325	90.96
80	3455313	0.8120	92.13
100	2561892	0.5887	94.29

表 5-33　超声功率 90W 对超声联合 Fenton 试剂法降解氯氰菊酯的影响

超声时间/min	峰面积	浓度/(μg/L)	降解率/%
10	8603553	2.0991	79.65
20	4670855	1.1159	89.18
40	3688034	0.8702	91.56
80	2813978	0.6517	93.68
100	1519828	0.3282	96.82

表 5-34　超声功率 180W 对超声联合 Fenton 试剂法降解氯氰菊酯的影响

超声时间/min	峰面积	浓度/(μg/L)	降解率/%
10	4741982	1.1337	89.01
20	2410149	0.5507	94.66
40	2625250	0.6045	94.14
80	1918444	0.4278	95.85
100	684406	0.1193	98.84

超声功率对超声联合 Fenton 试剂法降解氯氰菊酯模拟废水降解率的影响见图 5-13。氯氰菊酯的降解率随超声功率的升高而增加，在超声 10min 时，72W、90W 和 180W 的降解能力相差最大，超声 20min 后 72W 与 90W 相差较小，180W明显高于这二者。超声联合 Fenton 试剂法降解氯氰菊酯时，180W 时的降解率>90W 时的降解率>72W 时的降解率。

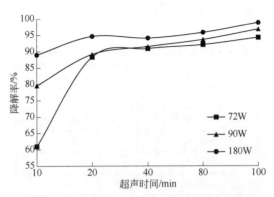

图 5-13 超声功率对超声联合 Fenton 试剂法降解氯氰菊酯的影响

5.6.2.3 超声温度对联合法降解氰戊菊酯和氯氰菊酯的影响

（1）氰戊菊酯

配置氰戊菊酯模拟废水，按 5.6.1.2 中的方法考查超声温度的影响，并用 HPLC 测降解后氰戊菊酯的峰面积，由峰面积计算氰戊菊酯含量，从而计算氰戊菊酯降解率，结果见表 5-35。

表 5-35 超声温度对超声联合 Fenton 试剂法降解氰戊菊酯的影响

超声温度/℃	峰面积	浓度/(μg/L)	降解率/%
25	2949762	4.8649	91.32
30	3241841	5.3817	90.39
40	1738087	2.7212	95.14
50	2422219	3.9316	92.98
55	1461177	2.2312	96.02
60	1837290	2.8967	94.83

（2）氯氰菊酯

配置氯氰菊酯模拟废水，按 5.6.1.2 中的方法考查超声温度的影响，并用 HPLC 测降解后氯氰菊酯的峰面积，由峰面积计算氯氰菊酯含量，从而计算氯氰菊酯降解率，结果见表 5-36。

表 5-36　超声温度对超声联合 Fenton 试剂法降解氯氰菊酯的影响

超声温度/℃	峰面积	浓度/(μg/L)	降解率/%
25	3254274	0.7618	92.62
30	3161106	0.7385	92.84
40	4008629	0.9504	90.79
50	2329553	0.5306	94.86
55	6394840	1.5469	85.00
60	5223039	1.2540	87.84

　　超声温度对超声联合 Fenton 试剂法降解 2 种农药降解率的影响见图 5-14。氰戊菊酯的降解率随超声温度的升高而总体呈增大趋势，呈现锯齿状，其中 30℃、50℃为 2 个低谷，30℃为氰戊菊酯降解率最低点。超声温度升高对超声联合 Fenton 试剂法降解氰戊菊酯影响不大。氯氰菊酯的降解率随超声温度的增高也呈现锯齿状变化，40℃、55℃为 2 个低谷，温度为 55℃时达到最低值，50℃时达到最高点。因此，超声温度升高对超声联合 Fenton 试剂法降解氯氰菊酯影响较大。

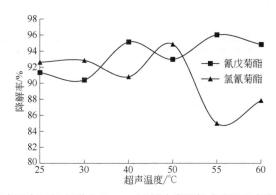

图 5-14　超声温度对超声联合 Fenton 试剂法降解氰戊菊酯和氯氰菊酯的影响

5.6.2.4　pH 值对联合法降解氰戊菊酯和氯氰菊酯的影响

（1）氰戊菊酯

　　配置氰戊菊酯模拟废水，按 5.6.1.2 中的方法考查 pH 值单因素的影响，并用

HPLC 测降解后氰戊菊酯的峰面积，由峰面积计算氰戊菊酯含量，从而计算氰戊菊酯降解率，结果见表 5-37。

表 5-37　pH 值单因素对超声联合 Fenton 试剂法降解氰戊菊酯的影响

pH 值	峰面积	浓度/(μg/L)	降解率/%
1.79	2772859	4.5519	91.88
2.41	6140242	10.5078	81.24
3.15	3439423	5.7313	89.77
5.78	2484504	4.0418	92.79
10.57	2457830	3.9946	92.87
11.15	1080314	1.5574	97.22

（2）氯氰菊酯

配置氯氰菊酯模拟废水，按 5.6.1.2 中的方法考查 pH 值单因素的影响，并用 HPLC 测降解后氯氰菊酯的峰面积，由峰面积计算氯氰菊酯含量，从而计算氯氰菊酯降解率，结果见表 5-38。

表 5-38　pH 值单因素对超声联合 Fenton 试剂法降解氯氰菊酯的影响

pH 值	峰面积	浓度/(μg/L)	降解率/%
1.53	3765047	0.8895	91.38
2.05	1670842	0.3659	96.45
4.53	2911265	0.6760	93.45
5.01	892375	0.1713	98.34
9.93	803808	0.1491	98.55
10.49	623336	0.1040	98.99

pH 值对超声联合 Fenton 试剂法降解 2 种农药降解率的影响见图 5-15。氰戊菊酯的降解率随 pH 值的增大而先降低后升高，当 pH≥2 时，改变 pH 值可以有效提高氰戊菊酯的降解率。氯氰菊酯的降解率随 pH 值的增大而先升高后降低再升高，但当 pH≥3 时，升高 pH 值可以大大提高氯氰菊酯的降解率。

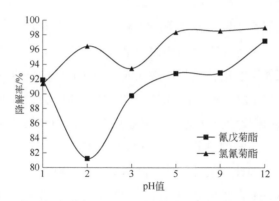

图 5-15　pH 值对超声联合 Fenton 试剂法降解氰戊菊酯和氯氰菊酯的影响

5.6.3　超声联合 Fenton 试剂法降解氰戊菊酯和氯氰菊酯农药的单因素初步探究

影响联合法降解氰戊菊酯和氯氰菊酯农药废水降解率的因素有超声时间、超声功率、超声温度、pH 值。

① 超声时间影响联合法降解氰戊菊酯和氯氰菊酯农药废水规律主要为：随着反应的进行 2 种农药的降解率都增大，随后趋于平稳不再增大。原因是 Fenton 试剂中的 H_2O_2 和 Fe^{2+} 与超声共同作用时，随反应进行超声形成的空化小泡增多，促使化学键断裂的反应长，降解率就持续增大，同时，提高了 Fe^{2+} 的催化活性导致反应继续，降解率就增大。

② 超声功率影响联合法降解氰戊菊酯和氯氰菊酯农药废水规律主要为：氰戊菊酯、氯氰菊酯的降解率都随超声功率的增加而增大。原因可能是：超声功率越大，形成超声空化小泡越多，高温高压下农药就被降解得越多，更使 Fenton 试剂在溶液中分布更均匀，且反应碰撞强度更大，自由基形成越多，降解农药效率越高。

③ 超声温度影响联合法降解氰戊菊酯和氯氰菊酯农药废水规律主要为：氰戊菊酯、氯氰菊酯的降解率都随超声温度的升高而呈现锯齿状增大。导致这个现象的原因可能是：超声本身降解时放热，温度不稳定，Fenton 试剂法的反应也会影响温度的变化，因此降解率呈现锯齿状增高。

④ pH 值影响联合法降解氰戊菊酯和氯氰菊酯农药废水规律主要为：氰戊菊酯、氯氰菊酯的降解率随 pH 值的增大均呈现出先降低后升高的现象。原因可能是：氰戊菊酯与氯氰菊酯的性质为在酸性或弱酸性介质中稳定存在，而在碱性中分解。在酸性条件下，加入 Fenton 试剂处理 2 种农药时，会促进 $Fe^{3+} + H_2O_2 \longrightarrow Fe^{2+} + HO_2 \cdot + H^+$ 向逆反应方向进行，提高了 Fe^{3+} 与 H_2O_2 的活性，促进了 Fenton 试剂法的氧化降解，同时使 $H_2O \longrightarrow \cdot OH + \cdot H$ 反应向正反应方向进行，促进了超声的空化降解，因此，酸性条件下降解率大；在碱性条件下，2 种农药本身不稳定，且溶液中 OH^- 多了失去电子产生 $\cdot OH$，可以将 2 种农药进一步氧化，提高降解率，同样也促进 $\cdot OH + \cdot OH \longrightarrow H_2O_2$ 向正反应方向进行，这都提高了 $\cdot OH$ 的活性，从而将农药分子裂解，达到降解目的。

5.6.4 小结

超声联合 Fenton 试剂法可以降解氰戊菊酯和氯氰菊酯 2 种农药。本节研究给出影响超声联合 Fenton 试剂法降解氰戊菊酯和氯氰菊酯 2 种农药的主要因素包括超声时间、超声功率、超声温度、pH 值，为考察单一因素的影响，选择超声时间为 20min、超声功率为 90W、超声温度为 25℃、pH 值为原溶液本身的 pH 值（2 左右）。

5.7 优化降解方案及生物毒性研究

5.7.1 引言

比较相同单因素条件下，超声降解法、Fenton 试剂降解法、超声联合 Fenton 试剂降解法这 3 种方法的降解能力，考虑经济条件、降解效果等因素，选择最优实验方案，根据最优实验方案进行正交实验，确定最佳实验参数；最后，用 MTT 法验证在降解前及经正交优化条件下的氰戊菊酯、氯氰菊酯 2 种农药模拟废水的生物毒性，主要考查氰戊菊酯、氯氰菊酯对人乳腺癌细胞的增殖作用[52]。

5.7.2　方法比较选择最优方案

5.7.2.1　时间单因素影响不同方法的选择

在相同反应时间的条件下，比较超声降解法、Fenton 试剂降解法、超声联合 Fenton 试剂降解法这 3 种方法的降解能力。按上述方法配置氰戊菊酯、氯氰菊酯 2 种模拟废水，并按照时间单因素实验方法进行研究，表 5-39 和表 5-40 是时间对 3 种方法降解率的影响。

表 5-39　时间对不同方法降解氰戊菊酯的影响

时间/min	降解率/%		
	Fenton 试剂法	超声法	联合法
5	84.64	3.436	62.08
10	88.43	13.80	78.68
20	91.77	55.82	86.06
40	92.41	56.61	89.73
60	94.79	63.76	92.11
80	94.82	74.72	92.97
100	89.16	84.84	95.17
120	90.66	84.83	98.34

表 5-40　时间对不同方法降解氯氰菊酯的影响

时间/min	降解率/%		
	Fenton 试剂法	超声法	联合法
5	93.95	36.71	68.61
10	97.57	41.02	79.65
20	61.17	47.28	89.18
40	69.58	59.38	91.56

时间/min	降解率/%		
	Fenton 试剂法	超声法	联合法
60	77.39	70.46	91.62
80	89.34	78.73	93.68
100	90.29	81.54	96.82
120	92.31	98.97	99.13

反应时间对超声降解法、Fenton 试剂降解法、超声联合 Fenton 试剂降解法这 3 种方法降解能力的影响见图 5-16 和图 5-17。

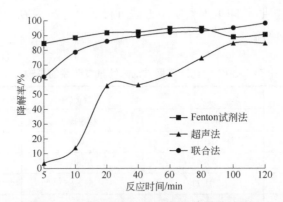

图 5-16　时间对不同方法降解氰戊菊酯的影响

如图 5-16 所示，3 种方法在相同反应时间的降解率有所不同。从降解率角度考虑，对氰戊菊酯降解效果最差的是超声法，在 80min 之前降解率 Fenton 试剂法高于联合法；80min 之后，联合法效果最好，联合法可达到最高降解率 98.34%。从节能经济角度来看，水浴振荡功率远远大于超声清洗机的功率，因此确定联合法为最佳处理方法。

如图 5-17 所示，3 种方法在相同反应时间的降解率有所不同。从降解率角度考虑，对氯氰菊酯降解效果最差的是超声法，在 10min 之前降解率 Fenton 试剂法高于联合法；10min 之后，联合法最效果最好，联合法降解率最高可达 99.13%。从节能经济角度考虑，水浴振荡功率远远大于超声清洗机的功率，因此，确定联合法为最佳处理方法。

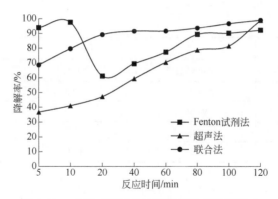

图 5-17　时间对不同方法降解氯氰菊酯的影响

5.7.2.2　pH 值单因素影响不同方法的选择

在相同反应 pH 值的条件下，比较超声降解法、Fenton 试剂降解法、超声联合 Fenton 试剂降解法这 3 种方法的降解能力。按前述方法配置氰戊菊酯和氰菊酯 2 种模拟废水，并按时间单因素实验方法进行实验，方法比较结果见表 5-41 和表 5-42。

表 5-41　pH 值单因素对不同方法降解氰戊菊酯的影响

pH 值	降解率/%		
	Fenton 试剂法	超声法	联合法
1.79	50.06	73.77	91.88
2.41	89.51	37.60	81.24
3.15	91.90	39.12	89.77
5.78	89.77	35.27	92.79
10.57	95.37	52.74	92.87
11.15	96.61	69.11	97.22

表 5-42　pH 值单因素对不同方法降解氯氰菊酯的影响

pH 值	降解率/%		
	Fenton 试剂法	超声法	联合法
1.53	90.51	95.30	91.38
2.05	96.40	97.65	96.45

pH 值	降解率/%		
	Fenton 试剂法	超声法	联合法
4.53	94.29	93.03	93.45
5.01	98.54	91.20	98.34
9.93	98.28	100	98.55
10.49	98.29	100	98.99

pH 值对超声降解法、Fenton 试剂降解法、超声联合 Fenton 试剂降解法这 3 种方法降解能力的影响见图 5-18 和图 5-19。

由图 5-18 可以看出 3 种方法在相同反应 pH 值下的降解率有所不同。从降解

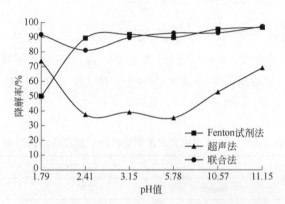

图 5-18　pH 值对不同方法降解氰戊菊酯的影响

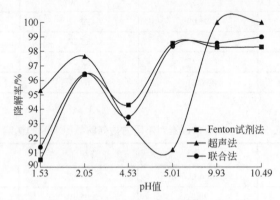

图 5-19　pH 值对不同方法降解氯氰菊酯的影响

率角度考虑，对氰戊菊酯降解效果最差的是超声法，在 pH>2.41 时，降解效果联合法多次优于 Fenton 试剂法；pH=2.41 时，联合法降解率稍稍低于 Fenton 试剂法，之后相差不多，联合法降解效率最高可达到 97.22%。从节能经济角度考虑，水浴振荡功率远远大于超声清洗机的功率，因此，联合法为最佳处理方法。

由图 5-19 可以看出，3 种方法在相同反应时间的降解率有所不同。pH<2.05 时，降解效果为超声法>联合法>Fenton 试剂法；2.05<pH<4.53 时，3 种方法降解效果接近；pH<5.01 时，超声法降解率最低，5.01<pH<9.93 时，超声法降解率大幅提高，最终超过其他两种方法，而 Fenton 试剂法与联合法效果接近；9.93<pH<10.49 时，超声法>联合法>Fenton 试剂法。从降解率角度考虑，超声法降解效果最好，超声法的降解率随 pH 值波动较大；联合法相对稳定，Fenton 试剂法降解趋势与联合法基本一致，大部分时间低于联合法的降解率，就稳定性而言，联合法较佳。从节能经济角度考虑，水浴振荡功率远远大于超声清洗机的功率，因此，联合法为最佳。

5.7.2.3 温度单因素影响不同方法的选择

在相同反应温度下，比较超声降解法、超声联合 Fenton 试剂降解法这 2 种方法的降解能力。配置氰戊菊酯、氯氰菊酯 2 种模拟废水，并按温度单因素实验方法进行研究，得到的结果如表 5-43 和表 5-44 所列。

表 5-43　温度对不同方法降解氰戊菊酯的影响

温度/℃	降解率/%	
	超声法	联合法
25	16.33	91.32
30	6.200	90.39
40	20.26	95.14
50	80.85	92.98
55	68.44	96.02
60	45.63	94.83

表 5-44　温度对不同方法降解氯氰菊酯的影响

温度/℃	降解率/%	
	超声法	联合法
25	51.05	92.62
30	67.84	92.84
40	49.14	90.79
50	43.18	94.86
55	38.02	85.00
60	52.06	87.84

　　超声温度对超声降解法及超声联合 Fenton 试剂降解法这 2 种方法降解能力的影响见图 5-20 和图 5-21。

　　这 2 种方法在相同反应温度下的降解率有所不同。其中，联合法降解氰戊菊酯的效率远远高于超声法，联合法的降解率较为稳定，最高可达 96.02%。而

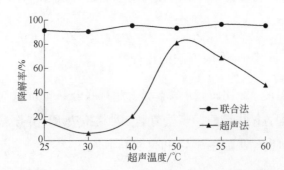

图 5-20　超声温度对不同方法降解氰戊菊酯的影响

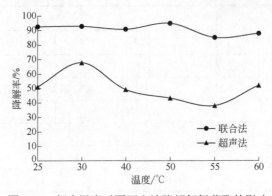

图 5-21　超声温度对不同方法降解氯氰菊酯的影响

超声法单独降解波动较大，25~50℃时，降解率呈现先降低后上升趋势；50~60℃时，降解率呈现下降趋势；当温度为 50℃时，超声法的最高降解率为 80.85%。在温度单因素影响下，联合法对氰戊菊酯的降解效果优于超声法。

如图 5-21 所示，这 2 种方法在相同反应温度的降解率有所不同。其中，联合法降解氯氰菊酯的效率远远高于超声法，联合法的降解率较为稳定，当温度为50℃时，降解率最高可达 94.86%。而超声法单独降解波动较大，从 25℃到 30℃时，降解率呈现上升趋势；从 30℃到 55℃时，降解率呈现下降趋势；从 55℃到60℃时，降解率又呈现上升趋势；当温度为 30℃，超声法的最高降解率为 67.84%。因此，在降解氯氰菊酯的温度单因素试验中联合法优于超声法。

5.7.3 最优方案正交设计

由降解效率、经济条件、多方面单因素等条件可以得出最优方案为超声联合Fenton 试剂法，下面对氰戊菊酯、氯氰菊酯进行正交设计研究。

5.7.3.1 超声联合 Fenton 试剂法降解氰戊菊酯废水正交设计

按照前述过程配置模拟废水，从单因素检验中确定影响超声联合 Fenton 试剂法降解氰戊菊酯废水的主要因素为超声时间、pH 值、超声功率以及超声温度。为此进行四因素三水平 $L_9(3^4)$ 正交设计检验，探讨超声联合 Fenton 试剂法降解氰戊菊酯废水的影响。正交分析的水平因素如表 5-45 所列，根据氰戊菊酯水平因素进行正交设计，得到的结果如表 5-46 所列。影响超声联合 Fenton 试剂降解氰戊菊

表 5-45　氰戊菊酯正交分析水平因素表

水平	因素			
	A	B	C	D
	温度/℃	pH 值	时间/min	超声功率/ W
1	30	2.41	40	72
2	50	5.78	60	90
3	60	10.57	80	180

表 5-46 L₉(3⁴)氰戊菊酯正交试验设计与结果

表 5-46 L$_9$(3^4)氰戊菊酯正交试验设计与结果

试验编号	A	B	C	D	降解率/%
1	30	2.41	40	72	81.70
2	30	5.78	60	90	87.67
3	30	10.57	80	180	53.62
4	50	2.41	60	180	93.18
5	50	5.78	80	72	94.68
6	50	10.57	40	90	96.39
7	60	2.41	80	90	93.26
8	60	5.78	40	180	95.80
9	60	10.57	60	72	86.51
K_1	74.33	89.38	91.30	87.63	
K_2	94.75	92.72	89.12	69.33	
K_3	91.86	78.84	80.52	80.87	
极差 R	20.42	13.88	10.78	18.3	
优水平	A_2	B_2	C_1	D_1	

酯模拟废水的主次因素次序为超声温度>超声功率>pH 值>超声时间，得到联合法的最佳工艺组合为 $A_2B_2C_1D_1$，即超声温度为 50℃、pH=5.78、反应时间为 40min、超声功率为 72W。按照正交设计确定的最佳超声条件，超声联合 Fenton 试剂降解氰戊菊酯模拟废水的降解率达 100%。

5.7.3.2 超声联合 Fenton 试剂法降解氯氰菊酯废水正交实验

按照前述过程配置模拟废水，从单因素检验中确定影响超声联合 Fenton 试剂法降解氯氰菊酯废水的主要因素为超声时间、pH 值、超声功率以及超声温度。为此进行四因素三水平 L$_9$(3^4)正交设计检验，探讨超声联合 Fenton 试剂法降解氯氰菊酯废水的影响。正交分析的水平因素如表 5-47 所列，根据氰戊菊酯水平因素进行正交设计，得到的结果如表 5-48 所列。由实验得出，影响超声联合 Fenton 试剂降解氯氰菊酯模拟废水的主次因素次序为超声温度>超声功率>超声时间>pH 值，得到联合法的最佳工艺组合为 $A_2B_2C_1D_1$，即超声温度为 55℃、pH=6.49、反应时间为 10min、超声功率为 72W。按照正交设计确定的最佳超声条件，超声联合 Fenton 试剂降解氯氰菊酯模拟废水的降解率达 100%。

表 5-47 氯氰菊酯正交分析水平因素表

水平	因素			
	A	B	C	D
	温度/℃	pH 值	时间/min	超声功率/W
1	40	2.05	10	72
2	55	6.49	40	90
3	60	9.93	60	180

表 5-48 $L_9(3^4)$氯氰菊酯正交试验设计与结果

试验编号	A	B	C	D	降解率/%
1	40	2.05	10	72	79.73
2	40	6.49	40	90	82.85
3	40	9.93	60	180	53.77
4	55	2.05	40	180	79.55
5	55	6.49	60	72	96.11
6	55	9.93	10	90	97.20
7	60	2.05	60	90	71.10
8	60	6.49	10	180	72.36
9	60	9.93	40	72	83.80
K_1	72.12	76.79	83.10	86.55	
K_2	90.95	83.77	82.07	83.72	
K_3	75.75	78.26	73.66	68.56	
极差 R	18.83	6.98	9.44	17.99	
优水平	A_2	B_2	C_1	D_1	

5.7.3.3　超声联合 Fenton 试剂法正交实验的研究

超声联合 Fenton 试剂法是超声波降解法与 Fenton 试剂降解法联合使用的一种技术，二者均为常用的高级氧化处理技术，二者在处理高浓度有机物废水时，表现为协同作用。通过 $L_9(3^4)$正交设计优化联合法降解氰戊菊酯模拟废水得出影响联合法降解氰戊菊酯模拟废水的主次因素次序为超声温度>超声功率>pH 值>超声时间，最佳工艺组合为 $A_2B_2C_1D_1$，即超声温度为 50℃、pH=5.78、反应时间为 40min、超声功率为 72W；通过 $L_9(3^4)$ 正交实验优化联合法降解氯氰菊酯模拟废水得出影响因素的主次顺序为超声温度>超声功率>超声时间>pH 值，得到联合法的最佳工艺组合为 $A_2B_2C_1D_1$，即超声温度为 55℃、pH=6.49、反应时间为 10min、超声功率为 72W。按照正交实验确定的最佳超声条件，超声联合 Fenton 试剂降解氯氰菊酯模拟废水的降解率均达 100%。

5.7.4 MTT 法验证最优方案的生物毒性

根据正交设计检验结果确定的最佳工艺参数进行生物毒性研究，分别用 MTT 法检验氰戊菊酯乳油、氯氰菊酯乳油在超声联合 Fenton 试剂法降解前后对人乳腺癌细胞的增殖作用。

5.7.4.1 模拟废水分析液的配置

氰戊菊酯、氯氰菊酯模拟废水分析液按 5.4.1.2 中的方法配置，在超净台过滤，用 1640 溶液配成相应浓度的样品。

5.7.4.2 实验部分

（1）实验仪器（表 5-49）

表 5-49 实验仪器

实验仪器	仪器厂家
CO-150 型二氧化碳培养箱	美国 NBS 公司
DL-CJ-IND 型医用洁净工作台	北京东联哈尔仪器制造有限公司
CKX-41-32 型倒置显微镜	日本 OLYMPUS 公司
CX21 光学显微镜	日本 OLYMPUS 公司
Model 680 酶标仪	美国 Bio-Rad 公司
P 型移液器	法国 Gilson 公司
Adventurer 万分之一电子天平	美国 OHAUS 公司

（2）实验试剂（表 5-50）

表 5-50　实验试剂

实验试剂	试剂厂家
MTT(溴化四氮唑蓝)	北京索莱宝科技有限公司
RPMI 1640 细胞培养基	美国 GIBCO 公司
胎牛血清（FCS）	杭州四季青生物工程公司
胰蛋白酶	美国 Sigma 公司
二甲基亚砜（DMSO）	美国 Sigma 公司
医用酒精	齐市化学药品有限责任公司
氯化钾（KCl）	北京化学试剂公司
氯化钠（NaCl）	北京化学试剂公司
磷酸二氢钾（KH_2PO_4）	莱阳化工实验厂
磷酸氢二钠（$Na_2HPO_4 \cdot 12H_2O$）	汕头金纱化工厂

（3）肿瘤细胞系

人乳腺癌 MCF-7 细胞。

（4）试剂配制

① 配置 PBS 缓冲液：分别称取 KCl 0.2g、NaCl 8g、$Na_2HPO_4 \cdot 12H_2O$ 3.63g、KH_2PO_4 0.24g，加蒸馏水至 1000mL，调节溶液 pH 值在 7.2～7.4 之间。

② 制取 0.25%胰酶：精密称取 0.25g 胰酶粉末，用高温灭菌的 PBS 溶解并定容到 100mL，用 0.22μm 微孔滤膜过滤 2 次，用封口胶封口，4℃保存。

5.7.4.3　研究方案

（1）细胞培养

从 37℃含 5%CO_2 的培养箱中取出高密度的 MCF-7 细胞，放在已经消毒过的超净台，倒掉培养液，用 PBS 缓冲液将细胞洗涤 3 次，倒掉 PBS 缓冲液，加入适量胰酶（0.25%）消化，并用倒置显微镜观察细胞状态，当 1/2 以上的细胞由贴壁的梭形结构变为圆粒状细胞且间隙变大时，弃去胰酶，再加入 3mL 含 10%胎牛血清 RMPI-1640 培养液，用滴管将细胞从培养瓶壁上轻轻吹下，并混合均匀，按 1:6 或适当比例转移到新的培养瓶中，加入适量含 10%胎牛血清 RMPI-1640 培养液培养，然后在 37℃ 含 5%CO_2 的培养箱中培养[39,40]。

（2）MTT 法比较氰戊菊酯降解前后对人乳腺癌细胞增殖率的影响

取对数生长期的人乳腺癌 MCF-7 细胞，经胰酶消化后，调整细胞浓度为 3×10^4/mL，按每孔 100μL 接种于 96 孔板中，于 37℃、5% 的 CO_2 培养箱中培养 24h 后，每孔加 100μL 降解前的氰戊菊酯样品，对半稀释成终浓度分别为 3.35×10^{-8}mol/L、6.7×10^{-8}mol/L、1.34×10^{-7}mol/L，每组剂量设 6 个平行孔，同样加入 100mL 降解后的氰戊菊酯样品组，将降解前对半稀释的氰戊菊酯进行降解后，进行对比，终浓度分别为 10^{-10}mol/L、10^{-9}mol/L、10^{-8}mol/L，每组剂量设 6 个平行孔，其余设置为空白，放置于 37℃、5% CO_2 的培养箱中培养 24h、48h、72h 后，弃上清，于 96 孔板中每孔加入 0.5mg/mL MTT 溶液 100μL，放入 7℃ 含 5%CO_2 的培养箱中孵育培养 4h，去上清，于每孔加入 DMSO 150μL，振荡，用酶标仪检测各孔的光密度值（OD 值）。用式（5-8）计算作用物质的细胞增殖率：

$$细胞增殖率（PR）= \frac{给药组平均OD值}{空白组平均OD值} \times 100\% \qquad (5\text{-}8)$$

（3）MTT 法比较氯氰菊酯降解前后对人乳腺癌细胞增殖率的影响

取对数生长期的人乳腺癌 MCF-7 细胞，经胰酶消化后，调整细胞浓度为 3×10^4/mL，按每孔 100μL 接种于 96 孔板中，于 37℃、5% 的 CO_2 培养箱中培养 24h 后，每孔加 100μL 降解前的氯氰菊酯样品，对半稀释成终浓度分别为 3.35×10^{-8}mol/L、6.7×10^{-8}mol/L、1.34×10^{-7}mol/L，每组剂量设 6 个平行孔，降解后的氯氰菊酯样品组加入相同的体积，将降解前对半稀释的氯氰菊酯进行降解后，进行对比，终浓度分别为 10^{-10}mol/L、10^{-9}mol/L、10^{-8}mol/L，每组剂量设 6 个平行孔，其余设置为空白，放置于 37℃、5%CO_2 养箱中培养 24h、48h、72h 后，弃上清，于 96 孔板中每孔加入 0.5mg/mL MTT 溶液 100μL，放入 7℃ 含 5%CO_2 的培养箱中孵育培养 4h，去上清液，于每孔加入 DMSO 150μL，振荡，用酶标仪检测各孔的光密度值（OD 值）。用式（5-8）计算作用物质的细胞增殖率。

用 Excel 软件进行统计分析。数据资料以均数±标准差（$\pm S$）表示，多样本均数比较采用单因素方差分析。$P<0.05$ 为具有统计学意义，$P<0.01$ 具有显著性差异。

5.7.4.4 结果与讨论

（1）MTT 法比较氰戊菊酯降解前后对人乳腺癌细胞增殖率的影响

研究设计得到的空白组与给药组的 OD 值如表 5-51 和表 5-52 所列。

表 5-51 氰戊菊酯降解前对 MCF-7 细胞 OD 值的变化（$\bar{x} \pm SD$）

时间/h	组			
	空白组	低	中	高
24	0.329±0.029	0.365±0.028	0.333±0.027	0.368±0.024
48	0.588±0.013	0.728±0.018①	0.804±0.020②	0.758±0.021②
72	0.560±0.018	0.654±0.059②	0.873±0.019②	0.738±0.029②

① 与对照组相比差异显著（$P<0.05$）；
② 与对照组相比差异极显著（$P<0.01$）。

表 5-52 氰戊菊酯降解后对 MCF-7 细胞 OD 值的变化（$\bar{x} \pm SD$）

时间/h	组			
	空白组	低	中	高
24	0.667±0.026	0.666±0.016	0.662±0.023	0.647±0.021
48	0.627±0.028	0.545±0.025	0.589±0.024	0.523±0.027
72	0.761±0.028	0.661±0.017	0.645±0.021①	0.491±0.021②

① 与对照组相比差异显著（$P<0.05$）；
② 与对照组相比差异极显著（$P<0.01$）。

降解前后不同浓度的氰戊菊酯作用于人乳腺癌细胞后，分别计算得到对 MCF-7 细胞的增殖率的结果如表 5-53 和表 5-54 所列。

表 5-53 氰戊菊酯降解前对 MCF-7 细胞的增殖率的影响

浓度/(mol/L)	增殖率/%		
	24h	48h	72h
3.35×10^{-8}	110.79	123.71	116.69
6.7×10^{-8}	101.14	136.72	155.78
1.34×10^{-7}	111.85	128.77	131.73

表 5-54　氰戊菊酯降解后对 MCF-7 细胞的增殖率的影响

浓度/(mol/L)	增殖率/%		
	24h	48h	72h
10^{-10}	99.89	86.92	86.82
10^{-9}	99.25	93.93	84.78
10^{-8}	96.93	83.33	64.46

① 经培养 24h 发现，氰戊菊酯降解前低、中、高（即 3.35×10^{-8} mol/L、6.7×10^{-8} mol/L、1.34×10^{-7} mol/L）3 个浓度均能促进 MCF-7 细胞增殖；而氰戊菊酯降解后的低、中、高（即 10^{-10} mol/L、10^{-9} mol/L、10^{-8} mol/L）3 个浓度均对 MCF-7 细胞增殖无影响，与空白组相差不多，均无显著性差异。而 24h 培养氰戊菊酯对 MCF-7 细胞增殖影响较小，可以看出降解前后增殖趋势，降解后变化不大，结果如图 5-22 所示。

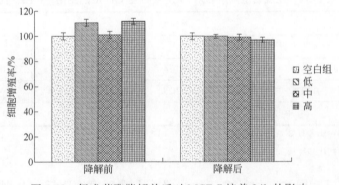

图 5-22　氰戊菊酯降解前后对 MCF-7 培养 24h 的影响

② 经培养 48h 发现，氰戊菊酯降解前低、中、高（即 3.35×10^{-8} mol/L、6.7×10^{-8} mol/L、1.34×10^{-7} mol/L）3 个浓度均能促进 MCF-7 细胞增殖，且降解前的增殖率均高于培养 24h 的增殖率；而氰戊菊酯降解后的低、中、高（即 10^{-10} mol/L、10^{-9} mol/L、10^{-8} mol/L）3 个浓度均对 MCF-7 细胞增殖无影响，与空白组无差异，说明此方法不但可以将氰戊菊酯有效分解，还可以降低生物毒性，而且也不会产生二次污染，得到结果如图 5-23 所示。

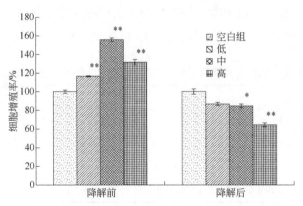

图 5-23　氰戊菊酯降解前后对 MCF-7 培养 48h 的影响

（图中*代表 $P \leqslant 0.05$，**代表 $P \leqslant 0.01$，下同）

③ 经培养 72h 发现，氰戊菊酯降解前低、中、高（即 3.35×10^{-8} mol/L、6.7×10^{-8} mol/L、1.34×10^{-7} mol/L）3 个浓度均能促进 MCF-7 细胞增殖，而氰戊菊酯降解后的低、中、高（即 10^{-10} mol/L、10^{-9} mol/L、10^{-8} mol/L）3 个浓度对 MCF-7 细胞增殖的效果为：低浓度与空白组无差异，而中、高浓度出现了抑制作用，且与空白组有显著性差异，这可能由于原本存在于溶液中的物质如 Fe^{3+}、SO_4^{2-} 及 pH 值等在培养时间较长时影响了细胞正常生理功能，妨碍了细胞吸收养分及正常的细胞代谢功能。说明导致细胞大量死亡的原因与雌激素活性无关。结果如图 5-24 所示。

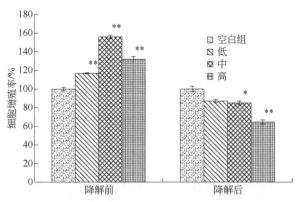

图 5-24　氰戊菊酯降解前后对 MCF-7 培养 72h 的影响

（2）MTT 法比较氯氰菊酯降解前后对人乳腺癌细胞增殖率的影响

研究设计得到的空白组与给药组的 OD 值如表 5-55 和表 5-56 所列。

表 5-55　氯氰菊酯降解前对 MCF-7 细胞 OD 值的变化（$\bar{x} \pm SD$）

时间/h	组			
	空白组	低	中	高
24	0.329±0.029	0.377±0.028	0.357±0.027	0.337±0.024
48	0.588±0.013	0.746±0.018[①]	0.835±0.020[①]	0.819±0.021[①]
72	0.560±0.018	0.928±0.059[①]	0.886±0.019[①]	0.861±0.029[①]

① 与对照组相比差异极显著（$P<0.01$）。

表 5-56　氯氰菊酯降解后对 MCF-7 细胞 OD 值的变化（$\bar{x} \pm SD$）

时间/h	组			
	空白组	低	中	高
24	0.667±0.026	0.657±0.016	0.663±0.023	0.657±0.021
48	0.627±0.028	0.659±0.025	0.676±0.024[①]	0.661±0.027
72	0.761±0.028	0.621±0.017	0. 618±0.021[②]	0.394±0.021[②]

① 与对照组相比差异显著（$P<0.05$）；

② 与对照组相比差异极显著（$P<0.01$）。

降解前后不同浓度的氯氰菊酯作用于人乳腺癌细胞后，分别计算出对 MCF-7 细胞的增殖率，结果如表 5-57 和表 5-58 所列。

表 5-57　氯氰菊酯降解前对 MCF-7 细胞的增殖率的影响

浓度/(mol/L)	增殖率/%		
	24h	48h	72h
$3.35×10^{-8}$	114.51	126.76	165.68
$6.7×10^{-8}$	108.51	141.90	158.19
$1.34×10^{-7}$	102.36	139.27	116.69

① 经培养 24h 发现，氯氰菊酯降解前低、中、高（即 $3.35×10^{-8}$mol/L、$6.7×10^{-8}$mol/L、$1.34×10^{-7}$mol/L）3 个浓度均能促进 MCF-7 细胞增殖，增殖效果为低浓

表 5-58　氯氰菊酯降解后对 MCF-7 细胞的增殖率的影响

浓度/(mol/L)	增殖率/%		
	24h	48h	72h
10^{-10}	98.50	105.05	81.52
10^{-9}	99.33	107.81	81.11
10^{-8}	98.43	105.31	51.72

度>中浓度>高浓度；而氯氰菊酯降解后的低、中、高（即 10^{-10}mol/L、10^{-9}mol/L、10^{-8}mol/L）3 个浓度均对 MCF-7 细胞增殖无影响，与空白组几乎无差异。这说明，通过超声联合 Fenton 试剂法降解氯氰菊酯不但可以将氯氰菊酯有效分解，同时降低生物毒性，不会产生二次污染。得到的结果从图 5-25 中可以看出。

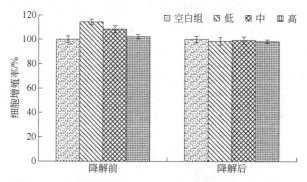

图 5-25　氯氰菊酯降解前后对 MCF-7 培养 24h 的影响

② 经培养 48h 发现，氯氰菊酯降解前低、中、高（即 3.35×10^{-8}mol/L、6.7×10^{-8}mol/L、1.34×10^{-7}mol/L）3 个浓度均能促进 MCF-7 细胞增殖，且降解前的增殖率均高于培养 24h 的增殖率，其中中浓度对 MCF-7 的增殖效果最大；而氯氰菊酯降解后的低、中、高（即 10^{-10}mol/L、10^{-9}mol/L、10^{-8}mol/L）3 个浓度对 MCF-7 细胞增殖的影响为：低浓度、高浓度组与空白组无差异，而中浓度组出现增殖现象，这主要原因可能是降解未完全，且氯氰菊酯浓度比高浓度组更适宜 MCF-7 生长。这说明，通过超声联合 Fenton 试剂法降解氯氰菊酯不但可以将氯氰菊酯有效分解，还可降低将生物毒性，不会产生二次污染。得到的结果见图 5-26。

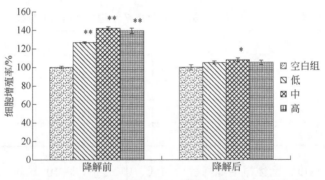

图 5-26　氯氰菊酯降解前后对 MCF-7 培养 48h 的影响

③ 经培养 72h 发现，氯氰菊酯降解前低、中、高（即 $3.35×10^{-8}$mol/L、$6.7×10^{-8}$mol/L、$1.34×10^{-7}$mol/L）3 个浓度均能促进 MCF-7 细胞增殖，而氯氰菊酯降解后的低、中、高（即 10^{-10} mol/L、10^{-9} mol/L、10^{-8} mol/L）3 个浓度对 MCF-7 细胞增殖效果为：低浓度与空白组无差异，而中、高浓度出现了抑制作用，且与空白组有显著性差异，这可能由于原本存在于溶液中的物质如 Fe^{3+}、SO_4^{2-} 及 pH 值等在培养时间较长时影响了细胞正常生理功能，妨碍了细胞吸收养分及正常的细胞代谢功能，因此，导致细胞大量死亡，与雌激素活性无关。得到的结果见图 5-27。

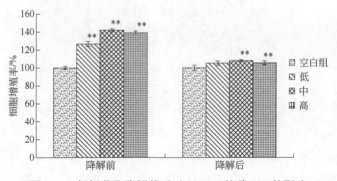

图 5-27　氯氰菊酯降解前后对 MCF-7 培养 72h 的影响

5.7.5　MTT 法检测氰戊菊酯和氯氰菊酯农药降解前后对 MCF-7 的增殖影响的研究

超声联合 Fenton 试剂以正交试验得出的最佳工艺参数降解氰戊菊酯和氯氰

菊酯模拟废水，并用 MTT 法检测氰戊菊酯和氯氰菊酯农药乳油配制的模拟废水在降解前后分别对人乳腺癌 MCF-7 细胞的增殖作用的影响，得到的结果如下：当给药培养 24h、48h 时，此二种在降解前 MCF-7 细胞增殖效果明显，在降解后细胞增殖能力降低，与空白无差异；给药培养 72h 时，此二种在降解前 MCF-7 细胞增殖效果明显，在降解后的中、高浓度下的细胞出现抑制现象，低浓度与空白组无差异，而中、高浓度出现了抑制作用，且与空白组有显著性差异，这可能是由于原本存在于溶液中的物质如 Fe^{3+}、SO_4^{2-} 及 pH 值等在培养时间较长时影响了细胞正常生理功能，妨碍了细胞吸收养分及正常的细胞代谢功能，因此，导致细胞大量死亡，与雌激素活性无关。因此，认为降解前雌激素活性高，降解后雌激素活性降低甚至没有。因此，超声强化 Fenton 试剂法可以降解氰戊菊酯和氯氰菊酯，且可以降低雌激素活性。

5.7.6　小结

通过方法比较选出最佳实验方案，即超声强化芬顿试剂（Fenton 试剂）法联合降解氰戊菊酯和氯氰菊酯 2 种农药乳油，通过正交实验，优化该方法实验条件，并在最优实验方案及最佳实验条件下，用 MTT 法检测氰戊菊酯和氯氰菊酯 2 种农药模拟废水对人乳腺癌 MCF-7 细胞的增殖作用，MTT 实验结果显示 24h、48h 时，氰戊菊酯和氯氰菊酯降解前对人乳腺癌 MCF-7 细胞有增殖作用，而降解后增殖作用不明显。说明，超声强化芬顿试剂（Fenton 试剂）法联合降解氰戊菊酯和氯氰菊酯 2 种农药的方法不仅降解效率高，而且可以降低雌激素活性，降解后生物毒性有所降低。

参 考 文 献

[1] Zhou J L, Rowland S J, Mantoura R F C, et al. Influence of the nature of particulate organic matter on the sorption of cypermethrin: implications on KOC correlations[J]. Environment International, 1995, 21(2): 187-195.

[2] Oudou H C, Hansen H C B. Sorption of lambda-cyhalothrin, cypermethrin, deltamethrin and fenvalerate to quartz corundum kaolinite and montmorillonite[J]. Chemosphere, 2002, 49(10): 1285-1294.

[3] Domingues V, Alves A, Cabral M, et al. Sorption behavior of bifenthrin on cork[J]. Journal of

Chromatography A, 2005, 1069(1): 127-132.

[4] 刘泉水, 田向红. 南京市村镇小水厂饮用水水质卫生状况调查[J]. 职业与健康, 2012, 28(2): 222-223.

[5] 孙伟华, 何仕均, 张幼学, 等. 电离辐射技术在水处理领域的应用[C]. 第九届长三角科技论坛辐射加工分论坛暨 2012 长三角辐射联合会论文集, 2012: 99-110.

[6] 胡晓梅, 李霞. 电离辐射技术在水环境保护中的应用[J]. 城市建设理论研究(电子版), 2014(29): 1935-1935.

[7] 宋梅. 膜处理技术在水处理中的应用[J]. 科技创新导报, 2012,(17): 78.

[8] 戴树桂. 环境化学[M]. 北京: 高等教育出版社, 1997: 251.

[9] 杨娜, 张建新, 张帆. 氯氰菊酯降解菌的分离与筛选[J]. 西北农业学报, 2007, 16(1): 73, 76, 94.

[10] Fernandez-Alvarez M, Llompart M, Garcia-Jares C, et al. Investigation of the photochemical-behaviour of pyrethroids lacking the cyclopropane ring byphoto-solid-phase microextraction and gas chromatography/mass spectrometry[J]. Rapid Communications in Mass Spectrometry, 2009,23: 3673-3687.

[11] Mathene R, Khan S U. Photodegradation of metolachlm in water in the presence of soilmineral and organic constituents[J]. J Agric Food Chem,1996,44(12): 3996-4000.

[12] Liu P Y, Liu Y J, Liu Q X, et al. Photodegradation mechanism of deltamethrin and fenvalerate[J]. Journal of Environmental Sciences, 2010, 22(7): 1123-1128.

[13] 赵华, 李康, 徐浩, 等. 甲氰菊酯农药环境行为研究[J]. 浙江农业报, 2004, 16(5): 299-304.

[14] 张晓清, 单正军, 孔德洋, 等. 4 种农药的光解动力学研究[J]. 农业环境科学学报, 2008,27(6): 2471-2474.

[15] 刘芃岩, 田磊, 陈艳杰, 等. 氯菊酯在沙土表面的光降解[J]. 河北大学学报(自然科学版),2014, 34(2): 160-165.

[16] 张贵森, 杨法辉, 郭慧玲, 等. 不同壁材高效氯氰菊酯微囊悬浮剂在土壤中迁移与光解的差异性[J]. 农药学报, 2012, 14(2): 214-220.

[17] 沈翠丽. 氯氰菊酯在玉米及土壤中的残留分析研究[D]. 青岛: 青岛科技大学, 2007: 4-28.

[18] 秦艳, 何德文. 超声波强化处理油墨废水的研究[D]. 长沙: 中南大学, 2009.

[19] 唐玉霖, 高乃云, 庞维海. 超声波技术在饮用水中应用的研究进展[J]. 给水排水, 2007, 33(12): 113-118.

[20] 宋勇, 戴友芝. 超声波与其连用技术处理有机污染物的研究进展[J]. 工业安全与环保, 2005, 31(7): 1-3.

[21] 毛月红, 李红云, 刘英杰. 超声波水处理技术及应用[J]. 工业水处理, 2006, 26(6): 9-12.

[22] 李春喜, 王京刚, 等. 超声波技术在污水处理中的应用与研究进展[J]. 环境污染治理技术与设备, 2001, 2(2): 64-69.

[23] 王君, 潘志军, 张朝红, 等. 超声波处理农药废水的研究进展与应用前景[J]. 现代农药, 2005, 4(5): 22-25.

[24] 马静, 付颖, 叶非. 超声波诱导降解消除农药残留的研究进展[J]. 东北农业大学学报, 2009, 40(5): 140-144.

[25] 傅敏, 丁培道. 超声波降解有机磷农药乐果的实验研究[J]. 重庆环境科学,2003, 25(12):

27-30.

[26] 吴纯德, 范瑾. 初超声空化降解水体中有机物的研究及发展[J]. 中国给排水, 1997, 13(6): 28-30.

[27] 王培丽. 超声波处理有机废水技术及应用[J]. 河南化工, 2004, 4: 7-10.

[28] 王宏青, 聂长明, 徐伟昌, 等. 灭多威的超声降解研究[J]. 应用声学, 2001, 4(2): 56-61.

[29] 孙红杰, 张志群. 超声降解甲胺磷农药废水[J]. 中国环境科学, 2002, 3(2): 120-126.

[30] 谢伟立, 钟理. 超声波在有机废水处理中的应用[J]. 广东化工, 2006, 33(6): 76-79.

[31] 王宏青, 聂长明, 徐伟昌. 超声诱导降解有机磷[J]. 水处理技术, 2001, 2(2): 25-35.

[32] 王子波, 林业星, 等. 超声氧化-SBR 法处理拟除虫菊酯类农药化工废水[J]. 扬州大学学报: 自然科学版, 2010, 13(4): 79-82.

[33] 王宏青, 钟爱国, 等. 超声波诱导降解甲胺磷的研究[J]. 环境化学, 2000, 19(1): 84-87.

[34] 钟爱国. 功率超声波诱导降解水体中乙酰甲胺磷[J]. 水处理技术, 2001, 3(1): 33-45.

[35] 张光明, 常爱敏, 等.超声波处理有机废水[M]. 北京: 中国建筑工业出版社, 2006.

[36] Jennifer D, Chramm, Inez H. Ultrasonic irradiation of dichlorvos: decomposition mechanism [J]. Water Research, 2001, 35 (3): 665-674.

[37] Guangming Z, Inez H. Ultrasonic degradation of trichloroacetonitrile, chloropicrin and bromobenzene: design factors and matrix effects [J]. Advances in Environmental Research, 2000, 4(3): 219-224.

[38] Sridevi G, James C W, Thomas J. Sonochemical degradation of aromatic organic pollutants [J]. Waste Management, 2002, 22(3): 261-366.

[39] Liu T F, Sun C, Ta N, et al. Effect of copper on the degradation of pesticides cypermethrin and cyhalothrin[J]. Journal of Environmental Sciences, 2007, 19(10): 1235-1238.

[40] David B, Lhote1 M, Faure V. Ultrasonic and photochemical degradation of chlorpropham and 3-chloroaniline in aqueous solution [J]. Water Research, 1998, 32(8): 2451-2461.

[41] Inez H, Ulrike P T. Ultrasonic irradiation of carbofuran: decomposition kinetics and reactor characterization[J]. Water Research, 2001, 35(6): 1445-1452.

[42] 王宏青, 钟爱国, 李珊, 等. 超声波诱导降解甲胺磷的研究[J]. 环境化学, 2000, (1): 132-137.

[43] 胡玲, 高乃云.Fenton 试剂降解内分泌干扰物双酚 A 的研究[J]. 中国给水排水, 2011, 27(7): 80-86.

[44] Palanivelu K, Kavitha V. Destruction of cresols by Fenton oxidation process[J]. Water Research, 2005, 39(13): 3062-3072.

[45] German H Rossetti, Enrique D Albizzati, Orlando M Alfano.Decomposition of formic acid in a water solution employing the photo-fenton reaction[J]. Ind Eng Chem Res, 2002(41): 1436-1444.

[46] 彭晓云. 超声-Fenton 试剂氧化耦合处理染料废水的研究[D]. 北京: 北京化工大学, 2007.

[47] 陈华军, 尹国杰. Fenton 及类 Fenton 试剂的研究进展[J]. 洛阳工业高等专科学校学报, 2007, 17(3): 1-4.

[48] 贾国正, 刘文洁, 张勇, 等. UV/Fenton 降解拟除虫菊酯农药废水的研究[J]. 工业水处理, 2010, 30(11): 24-27.

[49] 陈华军，尹国杰. Fenton 及类 Fenton 试剂的研究进展[J]. 洛阳工业高等专科学校学报, 2007, 17(3): 1-4.

[50] 傅晓燕，栾连军，朱炜，等. 双氧水降解残留农药效果及对苦参有效成分的影响[J]. 中国中药杂志, 2007, 32(20): 2098-2102.

[51] Abe S, Kubota T, Matsuzaki S W, et al. Chemo senisitivity test is useful in evaluating the app rop riate adjuvant cancer chemoltherapy for stang III non-scirrhous and scirrhous gastric cancer [J]. Anticancer Res,1999,19(5C): 4581-4586.

[52] Rahmi Aydin, Kenan Koprucu, Mustafa Dorucu, et al. Acute toxicity of synthetic pyrethroid cypermethrin on the common carp (*Cyprinus carpio* L.) embryos and larvae[J]. Aquaculture International，2005, 13: 451-458.

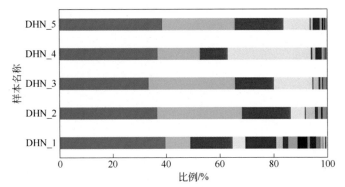

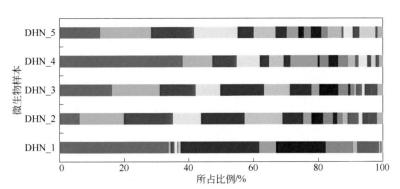

图 1-6 微生物菌门分布情况

- ■ 变形菌门(Proteobacteria)
- ▨ 单糖菌门(Saccharibacteria)
- ■ 硝化螺旋菌门(Nitrospirae)
- ■ 疣微菌门(Verrucomicrobia)
- ■ 绿菌门(Chlorobi)
- ▨ 螺旋体门(Spirochaetes)
- ▨ 放线菌门(Actinobacteria)
- ■ 绿弯菌门(Chloroflexi)
- ■ 酸杆菌门(Acidobacteria)
- ■ 芽单胞菌门(Gemmatimonadetes)
- ▨ 俭菌总门(Parcubacteria)
- ■ 蓝菌门(Cyanobacteria)
- ■ 拟杆菌门(Bacteroidetes)
- ▨ 浮霉菌门(Planctomycetes)
- ■ 厚壁菌门(Firmicutes)
- ■ Unclassified_k_norank(未分类)
- ■ 衣原体门(Chlamydiae)
- ▨ 迷踪菌门(Elusimicrobia)

图 1-6 微生物菌门分布情况

- ■ 糖化细菌(norank_p_Saccharibacteria)
- ■ 副球菌属(Paracoccus)
- ■ Millisia
- ■ 腐螺旋菌属(norank_f_Saprospiraceae)
- ■ 未分类的红杆菌科(unclassified_f_Rhodobacteraceae)
- ■ 硝化螺旋菌门(Nitrospirae)
- ▨ 产黄菌属(Flavobacterium)
- ▨ 水单胞菌(Aquimonas)
- ▨ Phaeodactylibacter
- ▨ 红细菌属(Rhodobacter)
- ▨ 细杆菌属(Microbacterium)
- ▨ 微白霜菌属(Micropruina)
- ▨ norank_f_Cytophagaceae
- ▨ 陶厄氏菌属(Thauera)
- ▨ Arenimonas
- ▨ unclassified_f_Comamonadaceae
- ■ norank_c_OM190
- ■ Pseudofulvimonas
- ■ AEGEAN-169_marine_group

图 1-7 微生物在属水平上的分布

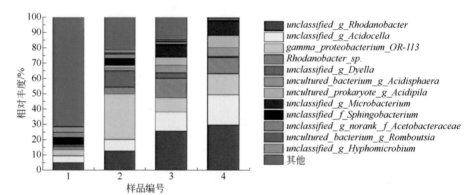

图 1-8　萘普生降解菌群在"属"分类水平上的分布

酸胞菌属（*Acidocella*）；蛋白质菌（proteobacterium）；酸球形菌属（*Acidisphaera*）；
微杆菌属（*Microbacterium*）；鞘氨醇杆菌属（*Sphingobacterium*）；醋杆菌科（Acetobacteraceae）；
罗姆布茨菌（Romboutsia）；生丝微菌属（*Hyphomicrobium*）

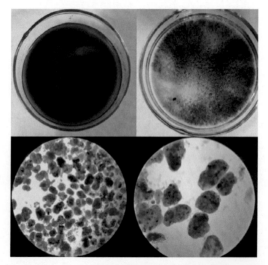

图 3-5　好氧颗粒污泥形态和颜色变化

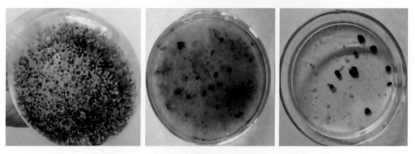

图 3-30　DO 浓度降低前后颗粒污泥形态

图 4-3　菌株 G1 形态特征

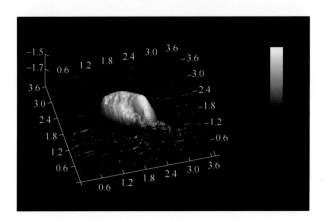

图 4-4　菌株 G1 原子力显微照片（单位：μm）

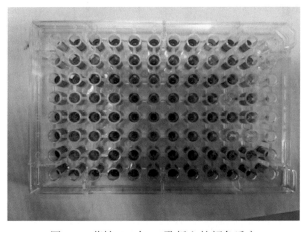

图 4-6　菌株 G1 在 96 孔板上的颜色反应

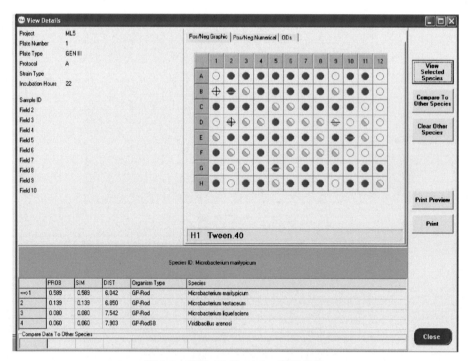

图 4-7　菌株 G1 的 Biolog 读数结果